福建美术出版社 编

陈基 主编

海峡出版发行集团
THE STRAITS PUBLISHING & DISTRIBUTING GROUP
福建美术出版社

图书在版编目（CIP）数据

国宝田黄 / 福建美术出版社编 ; 陈基主编. -- 福州 : 福建美术出版社, 2023.12
ISBN 978-7-5393-4524-6

Ⅰ. ①国… Ⅱ. ①福… ②陈… Ⅲ. ①寿山石—介绍—中国 Ⅳ. ①TS933.21

中国国家版本馆CIP数据核字（2023）第235257号

出 版 人：郭 武
责任编辑：卢为峰 丁铃铃
装帧设计：郭 武 李晓鹏

国宝田黄

福建美术出版社 编 陈基 主编

出版发行：福建美术出版社
社 址：福州市东水路76号16层
邮 编：350001
网 址：http://www.fjmscbs.cn
服务热线：0591-87669853（发行部） 87533718（总编办）
经 销：福建新华发行（集团）有限责任公司
印 刷：雅昌文化（集团）有限公司
开 本：635毫米×965毫米 1/8
印 张：34
版 次：2023年12月第1版
印 次：2023年12月第1次印刷
书 号：ISBN 978-7-5393-4524-6
定 价：430.00元

目　录

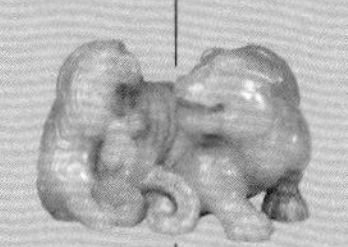

目　录

导 论

田黄石，以其文化积淀之深厚、材质魅力之独特、资源储量之稀缺、经济价值之昂贵，数百年来于中国印石之林中常居魁首，其地位至今历数百年而未有稍改。有关田黄石的记载最先出现在清代早期，但直到20世纪50年代前多散见于诗文、古籍，早期有关田黄石的研究、论述，多为文人偶谈，清初《观石录》《后观石录》等，均在此类。清末陈亮伯所著《说田石》，被认为是难得的能够独立成篇的个例，但从整体内容上看，它并非一本完整的成体系详细论述田黄石的专著，更倾向于是陈亮伯个人见闻、经验的集成。

民国时期，有关田黄石的文字资料日益增加，但大多数附庸于寿山石文化谱系之下。田黄在这时仅被视为寿山石中的重要一支被提及，并且多数内容仅停留在对田黄石个别产地、外观的描述上，缺乏深入研究和讨论。这类书籍以《寿山石谱》《寿山石考》为代表，开寿山石品种详解之先河。

在古代，田黄石常受到社会富裕阶层、文人群体甚至统治阶层的看重，身价惊人，田黄石的消费人群中很大一部分又远离产地，导致普遍信息不畅、认知不清，在收藏者获得一块田黄石之前，田黄本身多半长时间流转于商贾之手。因此，这一品类历来就有多赝品、伪造的现象，得到真田黄者，远不如误买假田黄者为多。

篆刻家陈茗屋曾在《怀叶潞渊先生》一文中提到，吴湖帆曾有一方旧田黄石印章，刻有吴让之所篆的印面。因吴湖帆不喜该印的篆刻风格，遂找叶为其磨掉印面重刻。叶潞渊不舍好印消磨，于是将原印整层切下。令人惊讶的是，这枚一度由吴让之篆刻，又由吴湖帆收藏的印章切开后内心全白，根本不是田黄石，而是由粉石染色后又上包浆成色的伪品。可见田黄材质上辨伪问题，有时即便是熟悉印石的篆刻名手、收藏大家也不能幸免。所以，即便自明末以来，田黄石就好者多如过江之鲫，但在20世纪50年代之前留下的相关文字资料中，谬误和局限性仍然非常普遍。而之后出现的，如陈子奋所作《寿山石小志》这类书籍、册子，又进一步将前人之说予以完善。可惜的是，陈子奋对于田黄石描述的重要性虽然不容忽视，但始终也非独立成书，同时限于当时的认知条件，表述上也较为朦胧、笼统，更多是以文学性的话语来进行描写，缺少实物、实地情况的展现。

1982年，方宗珪所著《寿山石志》出版，全面将田黄石的不同分类、品相逐一进行梳理，并明确了其成分构成。到1997年，中国邮电部将赫赫有名的“田黄三链章”印制成小型邮票，田黄的经济价值在沉寂数十载后再次为人们所重视，其社会影响力再次回到主流社会的聚焦之下。此后的数十年间，田黄相关的独立专题书籍便开始不

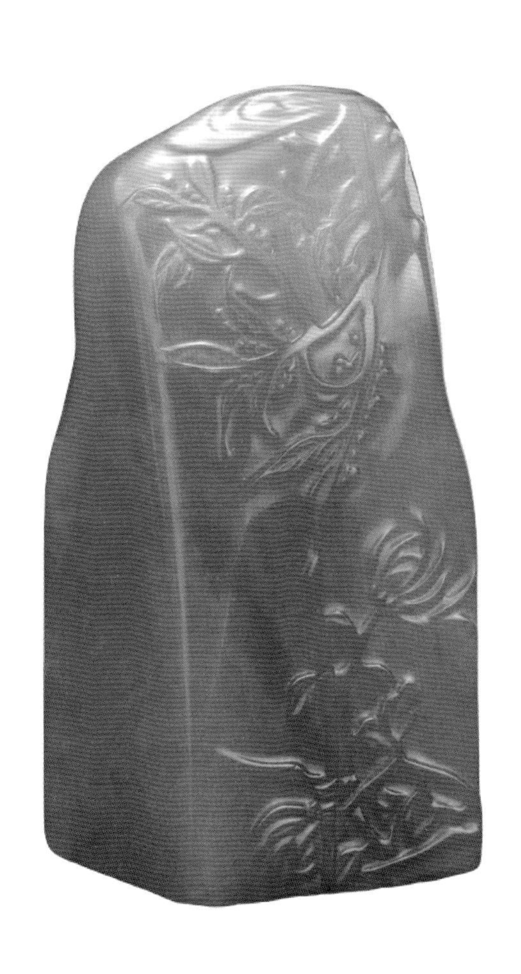

民国　林清卿作
田黄冻石花草薄意章
49克

断问世，为这一独特文化的载体带来了一次各方面学术研究的高峰期。

到21世纪20年代，随着寿山石经济价值的突飞猛进，以寿山石为内容的出版物出现了井喷式增长。由于寿山石名种众多，且相关的品相、产地、辨认方法以及工艺留存的情况区别往往较多，因此有时单一石种的内容，会以独立成书的形式出现。田黄石作为寿山石中地位最为尊崇，文化积淀最为深厚，经济价值最为高昂的名种，很快分化出了不少以之为独立主题的书目。这些图书一些是隶属于某一丛书系列，另一些则分别自成一书。

2010年，冯志杰、冯艺晓编写了《慧眼识宝——田黄》，这是福建美术出版社“慧眼识宝”系列丛书之一；2015年，王一帆所著《寿山石之田黄》也是福建美术出版社的《行家鉴宝系列》丛书之一；2019年，方宗珪撰写的《寿山石珍宝田黄》是荣宝斋出版社“寿山石文化丛书”中的一册；2005年，福建美术出版社出版林文举的《中国印石三宝石中之王——田黄》则是独立专著。

更多关于田黄的信息都在寿山石这一主题中的子项中出现。这类内容虽然往往不具有独立性，但对人们对田黄石的研究和探索仍然有莫大的裨益。1982年与方宗珪《寿山石志》同时出版的石巢《印石辨》，1994年林文举《薄意艺术》、2006年由陈石和刘爱珠合著《中国寿山石图鉴》以及2010年王一帆和陈锡铭共同编写《寿山夜话》等书，都记载了田黄石的各种情况和轶事，为当时的研究奠定了基础。这些图书共同点是多以作者本人的实践和经验为主，因此更注重特征、掌故以及个人作品创作中所遇到的情况的描述，而不那么依赖地质科学的判断。由于其中不可避免地掺杂了各种民间传说和误解，这也让田黄石在一直以来都罩着神秘的面纱。

田黄石地质学研究最初始于20世纪80年代，这项工作由一心希望通过科学研究，了解田黄石奥秘的方宗珪推动。他所著《寿山石志》，成为首次从科学的角度阐述了田黄石的地质成因及生成时代的田黄石专著。遗憾的是，虽然此书明确揭示了田黄的成因，但此时其母矿主要来源却未确定。后来，方宗珪率先建议利用科学手段对田黄石的组成部分进行检验并将其送往北京。

自此之后，多位专家，如王宗良、任磊夫、高天钧、崔文元、汤德平等，采用红外光谱、拉曼光谱和X射线粉末衍射法对田黄石的矿物组成进行测试和研究。结果发现，田黄石主要由地开石与珍珠石（今称珍珠陶）构成，同时还含有少量或微量的高岭石、伊利石、黄铁矿以及辉锑矿等。研究者们还从其结构、成分入手，进行深入查验后，发觉其母矿应为高山石及坑头石，而由于寿山本地有所谓“不吃坑头水，不出田黄石”的俗谚，因而更多这方面的研究结果，都倾向于田黄石的母矿最初应是来自坑头石矿脉受风化后剥落的一批独石。这之后，所有与田黄石相关的文字资料都统一标准，将其描述为一种具有复合成分的次生矿，而不再将其与蜡石相提并论。正是这些研究结果，改正了此前数百年有关“田黄石为蜡石”的错误认识，为解开田黄石不解之谜奠定了相对明确的科学标准。

1994年，《收藏家》杂志发表的文章就已指出：“人们过去常认为寿山石属于叶蜡石，而田黄石是寿山石的一种，因此也被误认为是叶蜡石的一种。但笔者在参加中国田黄石学术研讨会时，地质部的专家对田黄石做了新的评价，认为田黄石不属于叶蜡石，应该称为‘地开石’。”同年9月，《江西地质科技》杂志上也刊登了相同的结论，将田黄石成分认定为“地开石”。研究结果表明通过一段时间的科普工作，田黄石此时已成功作为一种独立的珍稀石材，与普通“蜡石”的概念产生了彻底的区分。

由于地质研究必须基于样本得出结论，田黄石材却非常珍贵，可供实验室使用的石材极其有限，因此一直到2000年之后，即使有许多熟知地质和宝石学的研究者参与其中，但限于所取样本的不同，学界依然不时从田黄石具体构成的研究中得出各种迥异的结论。不过，无论是产地的寿山人（本书中均指当地寿山村民）、雕刻师、收藏家都有一致的默契，即认为在田黄石的具体概念上，由两个方面组成。其一为材质产地，其二为历史文化。尽管有关两者在叙述上可能有篇幅的详略之别，但在重要性上却不分伯仲。

通过目前的科学研究，我们从材质源头的角度来看，可以得知田黄石产于福州市寿山中，是一种独特的次生矿石，大约形成于地质运动时期。其出产范围围绕一条长达8千米的寿山溪溪底以及其流域经过的两侧水田中，辐射面积约1平方千米。其原矿母石，均为地质运动时期，自寿山主峰上剥落滚动至此的独石，多为坑头石或高山石。由于受到寿山溪流域独特的矿物成分的影响，在经历数万年后逐渐发生变化，最终成为我们所熟知的“田黄石”。远离这一范围所产的黄石，即便有类似田黄石的特征，也不被称为田黄石，而被称为“独石”或“掘性石”，分别意为独立于矿脉之外的孤石，以及“采掘自土中之石”。

由于田黄石的声名远播，成为一种上等品级的象征符号，因此寿山的各种矿石中，常常会出现有其他寿山品种的“掘性石”和“独石”，因出现个别类似田黄石的色彩或质感的情况，而被寿山人或石商后缀“田”以夸显质地、身价的情况。

从历史文化的角度来看，田黄石是传统文人审美、清玩文化的一个组成部分。虽然现今未出现确切可靠的史料记载，但通过传世文物资料来看，这一名贵印石最早为人们所发现并进行赏玩的时间，至少可以追溯到明朝晚期。

因此，在定义田黄石时，我们也需要将文化元素纳入其中，强调其附着近400年的历史，而非仅仅是地质科学的一种成分。忽视了这个重要的文化方面，对田黄石价值的损害不言自明，也是对福建本土文化的一种伤害。

田黄石的文化延续已有数百个春秋，但真正综合文化、历史、开采地实际情况以及矿物、地质科学等多方面、多视角的独立田黄石研究，则基本是21世纪以后的事了。伴随着近20年来田黄石研究的不断发展和深入，对田黄石的探索和收藏风气依旧长盛不衰。田黄石在中国传统文化进程中，以其历史文化和艺术搭载的独特地位与价值，被越来越多人所重视，如今，田黄石文化研究已俨然演变为一种新的“显学”。迄今为止，我们所见到的绝大多数以田黄石研究为主题的出版物，虽然较之20世纪末已取得了不小的进步和成绩，但也存在许多不足。最常见的是语焉不详，受到所见田黄石数量或文献材料不足等诸方面的限制，未及进行系统性的深入研究。尤其是在开采和出产地的关联性方面的描述，历来由于研究者们并不实际参与相关劳动，所获得的信息都有很强的滞后性，从而长期存在信息缺失问题。

本书在大量的一手田野调查、市场经验的基础之上，兼容前人的研究成果，极力综合历史文化、研究演进、工艺变迁、采掘现状、矿学知识、市场经验等多方面内容，对田黄石文化的研究现状做一次多角度的阐述。对于以往未得到足够重视或受到忽略的方面，会更加侧重。本书收录的田黄石精品皆为国内各博物馆和民间珍藏（其中部分作品雕刻者、年代无法考证，藏品重量亦付之阙如）。希冀利用最新的前沿经验和行业内多年以来所积累的研究成果、研究心得，为读者提供田黄石文化尽可能完备、详细的相关信息。相信这种补充，对于田黄石文化研究领域而言，会是一次极具拓展的意义。

田黄石作为一种文化载体，它的魅力不仅仅是地质年代或矿物外观所带来的，它的诸般传奇更多是文化历史的共同积淀所致。古往今来，人们对田黄的崇拜、狂热，其实是对一个文化强盛、繁荣时期的热爱，换而言之，田黄石是属于中国人民族自信的一种折射。田黄石文化，既是一种以物质搭载生成的器物文化，又是漫长光阴下中国人生活方式、历史传承的物化形态。每一个时代的田黄石都蕴藏着与拥有者相连的时代环境、技术水平、文化心理、审美趣味等。自古以来寿山田黄石文化的历史进程，无异于对承载其上的一切作出探索。近年来，随着中国文化自信心的增强，人们对于本国历史文化的兴趣日益浓厚，各级政府加大对地方文化研究的支持力度，文化领域呈现出一片繁荣景象。从这个视角来看，本书所研究的田黄石文化课题，是具有重要的学术意义与社会价值的，本书的编纂是朝着这个方向的一次努力，希望有助于田黄石文化研究的发展与进步。

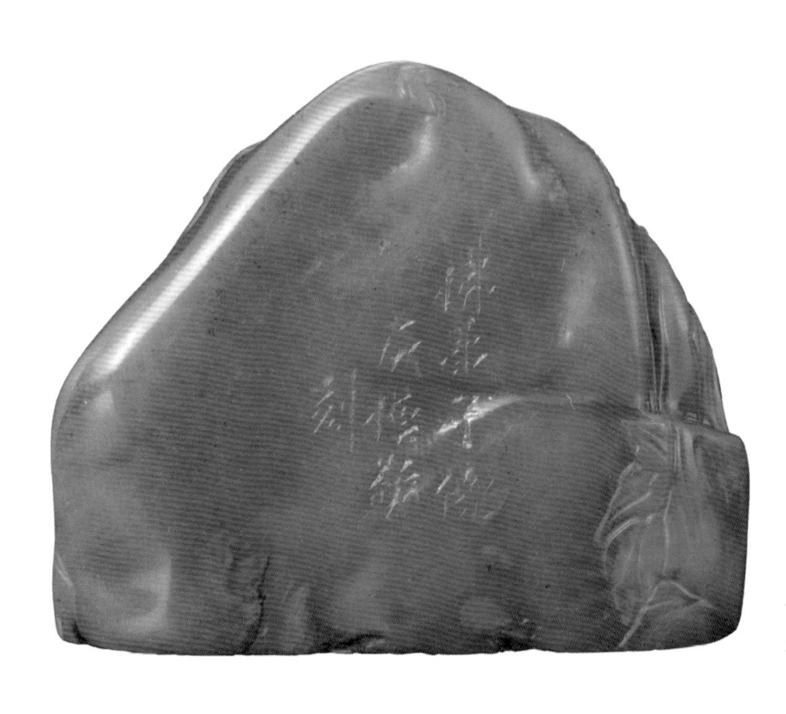

清　倪成模　田黄石薄意随形章
58克

第一章

田黄的定义

一、田黄的历史与概念

作为一种稀缺的宝玉石材质，田黄石隶属于寿山石类目，它不同于一般寿山石，发掘地不规则地分布于福建省福州市北郊寿山村中的一条全长达8千米的溪流流域。溪流被称为寿山溪，又名“田黄溪”，多在寿山溪水道和两侧约1平方千米田地中。这条溪流的源头在村中所毗邻的坑头山中的“坑头占”区域，流程甚远，但至结门潭区域为止的下游其他地区就找不到田黄石。

这种特殊的次生矿石，其母矿为寿山高山石、坑头石，它们均在地质运动时期自原矿脉上剥落、滚动，再经后期风化、埋藏以及水土中不同元素沁染、吸附后形成田黄。明末清初时，田黄石备受文人群体和皇室贵胄青睐，其见证了明清至今无数历史文化变迁，具有深厚的人文底蕴，故而历史积淀实际是田黄石价格体系中的重要组成部分。因此，脱离这一产区所出者，即便成分相似，也因缺少和寿山石一样的人文内涵关联，无法共享其文化价值，不能称为田黄。

明　田黄石卧虎摆件
故宫博物院　藏

过往对于田黄石的概念中，往往仅提出这一品种在明代末期崛起的情况。但从当下寿山村内掘采田黄石的情况看来，田黄石或有可能早于这一时期。在最近10余年的寻觅中，寿山村人不止一次在传为唐代广应寺旧址的土地中找到一些经年埋藏，有经历火烧状态的田黄石。在种种当代考古发现之前，广应寺一度是唯一有据可考的、最早出现寿山石雕刻品的所在。据载其名原为“广应院”，创于唐代光启三年（887），至洪武时烧毁，明朝万历初重建，至崇祯时又毁。

相传唐朝时就有寺僧会拾取美石储于寺内，并以之雕刻佛像、器物，赠予香客，后寺庙焚毁，又经大火，其旧址土地中便有许多掘性石留存，由于这些掘性石的母矿均为人力搜集，因而多种多样，唯一相同之处，在于均有受火焙的痕迹，故此一并都被称为“寺坪石”。

明朝嘉靖时期的诗人徐惟起《游寿山寺》中：“宝界消沉不记春，禅灯无焰老僧贫。草侵故址抛残垣，雨洗空山拾断珉。”所说的正是广应寺中可以拾到寺坪石的情况，寿山人也曾在广应寺旧址处，见到过暴露于地面的古寺庙础石，两相印证，可见此事当非虚言。

此处的多数掘性石，并不出现“田化”的品相或特征，仅有具田黄特征者，才会单独被称为“寺坪田”。从寺坪田的存在，可以侧面证实田黄被人们发现、应用的历史，其年代下限可能最晚在元末，只是在此前未被独立区分看待而已。

一般而言，以田黄文化为主题的讨论中，都会引用清人施鸿保《闽杂记》中“明末时有担谷入城者，以黄石压一边，曹节愍公见而奇赏之，遂著于时”的说法，将明末忠烈之臣曹学佺对田黄石的偶遇心赏，作为这一奇珍瑰宝入世的契机看待。但是，也有人提出《闽杂记》的创作时间在咸丰末年，此时离曹学佺所处之时代，未免过于遥远了，况且从清初高兆所作《观石录》以及此后毛奇龄的《后观石录》两书来看，在崇祯早期，玩赏田黄似乎尚未在名士帝王中流行。

明朝崇祯以前，时风所向，似乎乃是传说中的“艾叶绿”“鸽眼砂”之品相，至于曹公是否另辟蹊径，先人一步，于田黄石上曾有产生过慧眼独到的轶事，今人不得而知。故此由这一“孤证”带来的结论，未免令人对于“田黄自明代已为文人墨客所钟爱”这一结论生疑。万幸的是，当代已经可以见到许多珍贵的田黄资料。从实物上的补充考证，当比特定文人的文字资料更有说服力。其中最为有力的资料，便是如今留存于各大重要文博机构中杨玉璇的遗作。诚如大家所知，在故宫博物院、台北故宫博物院、上海博物馆，均藏有铭玉璇款的作品，其作品风格往往是极为成熟、富丽，

明末清初　杨玉璇作　田黄石巨章印料
故宫博物院　藏

且风格多变，每每有细工、奇工，未见到有任何一件是工艺生涩之作。可见，杨玉璇以田黄进行创作时，正是他的体力、眼力以及创造力都最为巅峰的时期。

从《闽小记》当中的片言只语得知，杨玉璇在康熙十一年（1672）迎来自己的古稀之年。以古代雕刻家而言，70岁已不是一个高产年龄，故而可以认为他在30岁左右达到工艺巅峰。屈指推算，这正是崇祯时期之后的阶段。由此可见，杨玉璇在创作田黄文物时，得到巨贾、名士的支持。在明末的福建，田黄石虽然名声未及后世显赫，但已成为公认的佳材。

文人墨客对于田黄石的关注，可以从《观石录》中“至今春雨时，溪涧中数有流出，或得之于田父手中，磨作印石，温纯深润”之句看出。这一内容，意为（有佳石）于春雨后在溪流中出现，或可以自耕种的寿山人手中获得，这都与田黄石“无根而璞、无脉可寻”。但在寿山村中寿山溪底，以及寿山村中有限的一部分田地内中可被采掘出的特征吻合，可见至少在高兆为石挥毫落墨之时，文人们已经对田黄石的产地有一定清晰的认知，而这种认知的普及却绝非一日之功可成。

毛奇龄在所作文赋《后观石录》中记录了康亲王入闽之后，人们对于寿山石趋之若鹜的景象。他写道：“至康熙戊申，闽县陈公子越山……，忽赍粮采石山中，得妙石最夥，载至京师售千金。每石两辄估其等差，而数倍其值，甚有直至十倍者。自康亲王恢闽以来，凡将军督抚，下至游宦兹土者，争相寻觅……于是山为之空，近则入山无一石矣。”接着又说：“然后收藏家分别其旧藏者，以田坑为第一，水坑次之，山坑又次之。每得一田坑，辄转相传玩，顾视珍惜，虽盛势强力不能夺。石益鲜，价值益腾，而作伪者纷纷日出，至有假他山之石以乱真者。”其中清晰地说明了康熙八年（1669）起，闽地乃至京中对于寿山石，尤其是田黄石的狂热追逐。这种狂热在“康亲王恢闽以来”走上了一个高潮，康亲王入闽大约在康熙十五年（1676），由此可知，最晚在康熙朝初，寿山石中以“田坑为尊”的概念，已经深入人心。

那么，康熙十五年（1676）之后，田黄石的地位何以如此迅速地崛起呢？清初浙江文人查慎行在入闽游历时所作《寿山石歌》中写道：“吾乡青田旧坑冻，价重苍璧兼黄琮。福州寿山晚始著，强藩力取如输攻。初闻城北门，日役万指佣千工。掘田田尽废，凿山山为空。”解答了田黄石的地位迅速崛起的疑惑。其中“掘田”，即是采掘田黄石。与高兆一样，他也特意提到了田黄石的珍贵，以至于让贪得无厌的靖南王耿精忠求索无度，甚至使寿山本乡原本用于耕作的水田都因此被破坏殆尽。查慎行写下此诗时离耿精忠被平定不过20余年，其信息可靠程度还是值得信赖。

耿精忠无休止地搜刮奇珍，但最终却没有留住一方田黄石。随着“三藩之乱”的落幕，耿精忠的财产可能已经悉数北迁，流入宫廷。如今，连他本人的一批自用印也依然在故宫博物院清室旧藏之列，更不用说他掠劫的大量田黄原石以及印料了。虽然对当时的寿山人来说，他的残酷行为是一种莫大的灾难，但对于田黄石而言，所见证历史的兴衰，自此更上层楼。

同时，这又是一种契机，它让田黄石得以在短时间内更为密集地流入京畿重地、宫廷内府，一跃进入这些统治集团的视线。大量被充入内府的田黄石，在康熙、雍正两朝屡获君王青睐，地位也扶摇直上。今故宫博物院中，还有不止一件未做篆刻的田黄巨章章料。清代皇室历来有启用宫中印料以作玺印的习惯，如嘉庆朝时田黄在寿山本地产量也已经下降，但嘉庆所用“嘉庆宸翰”“几暇临池”“菑畬经训”这三方田黄印章，体量依然很大，明显是启用了宫廷旧藏遗珍。有些巨田却被保留至王朝覆灭也未使用，足见身为统治群体，即便富有四海，也对其珍爱有加，不肯轻易动用。

田黄石的贵重在时人黄任《寿山石》一诗中就有体现，其诗中提及：“迩来田石踊高价，居奇不肯输强豪。豪家意在索必得，牙侩弋获无遁逃。未提论斤买一握，要斗金璧充雁羔。”“牙侩”其意是居中经济买卖者，实际上就是沟通寿山人与买主的商人，而“弋获”就是获得。从这句诗中，可以感受到当时豪富的贵人们，对于田石是何等的志在必得，凡中间人有田黄石的消息，就逃不出他们的索取。即便如此，彼时的田黄石交易却不像普通石材那样按斤计算价格，而是以“一握”为大小来论价，其昂贵程度可想而知。然而，经济价值的高涨，却不是田黄石此时的全部荣光，它同时还在这一时期成为身份的象征——“要斗金璧充雁羔”，这里的璧，是田黄石，而雁羔却是指代尊贵的身份。《周礼》中说:“卿执羔，大夫执雁。”本地的豪族想要拥有田黄石，不惜为之一掷千金，是因为它有“充雁羔”的作用。获取了田黄石，在清初的时代环境中，就如同拥有了一张踏入贵族圈层的入场券。这恰好是因为田黄石得到了明末文人群体高度的文化赋值所致，如果仅以材质的美丽或稀缺论，是不可能达到这种效果的。

到乾隆末期，田黄的地位走向巅峰。如今，人们常有一些传奇之说，认为乾隆爱田黄石，是因其出于“福”地“寿”山之“田”，有江山稳固，福寿无边的吉兆，所以格外高看，甚至以之祭祀天地。

这一美好的传说并非空穴来风，乾隆对于田黄石的偏爱在《清宫造办处活计档》中有明文记载，乾隆十三年（1748）宫里得到红皮匣两个，其一盛田黄冻石图章91

清乾隆　雕兽钮循连环田黄印鸳锦云章
台北故宫博物院　藏

方，另一个则匣盛田黄冻石图章105方，共196方。宫中对这些田黄石进行了等次的划分，最上等的14方，质地好的也有88方，次等的94方。这些田黄石显然是深得乾隆皇帝的喜爱，8月，乾隆毫无预兆地下令内务府大臣海望传旨内务当差的定长，让告知其父闽浙总督喀尔吉善，“造办处所用五色寿山石，要多少，送多少来”。3个月后，闽浙总督喀尔吉善送到各色寿山石大小25块，共重约700斤，这些寿山石被用来做宫中装饰之用。

或许是这一次进贡让民间所蓄上等田黄被搜罗一空，此后的记载里就鲜见田黄石进贡的信息。直到13年后，福建本地才又出产了大田（250克以上的）。这一次则是由浙闽总督杨廷璋进贡“田黄洞石寿山福海一座”，田黄刻成山子，以座计算是相当少见的，且此田黄石的命名上再次强调了“福”“寿”的元素，或许正是民间故事中

“福”“寿”“田”之吉兆与乾隆之间不解之缘的起点。值得一提的是，同年杨廷璋因弹劾同僚牵出其他案件，反致自身获罪，与他同案的3人中，唯有他被乾隆皇帝“格外加恩，薄惩示警”，依然留任原职，其余两人都以戍边、罢官结局。其中，或许亦有乾隆思及其搜寻田黄之功，手下留情之故。

次年，山东巡抚阿尔泰也在进贡的贡品中，加入了一匣田黄石印章，次年阿尔泰就升任四川总督，加太子太保。由阿尔泰所得的殊荣可知，他此时一定极为了解乾隆，因此才会在所选的贡献之物中加入田黄石印章，来对乾隆投其所好。

有杨廷璋和阿尔泰的榜样，此后各地官员进贡田黄石印章的频率就大为提高。乾隆三十年（1765），山西巡抚和其衷进贡“田黄图章一匣三方、田黄图章一匣四方”；乾隆三十四年（1769），闽浙总督崔应阶进贡“田黄石图章九方”；乾隆四十一年（1776），福建巡抚余文仪又进贡“田黄石一件”。

乾隆四十五年（1780），四川总督文绶再次进贡“田黄图书三匣”，有意思的是，富察文绶此时正因剿匪不力承受着极大的压力。以田黄石印章献于御前，希望将功折罪之意。而同年进贡“田黄图章九方”的兵部侍郎周元理，次年就拔擢为工部尚书。

乾隆四十六年（1781），左都御史罗源汉进贡“圆田黄石一匣”。乾隆四十九年（1784）前兵部侍郎史奕昂的贡单上更将“田黄寿山”排在第一位，其他哥窑、钧窑甚至汉玉、唐画反列在田黄之后，足可见乾隆皇帝对田黄石的青睐。

乾隆对田黄石有“私心偏爱”从其生平所制印章中也有所体现，如“三希堂”“长春书屋”“惟精惟一”“乾隆敕命之宝”等不少重要印文都有田黄石版本。除此之外，还存在两个有力的旁证。其一是末代皇帝溥仪在逃亡中一路收藏携带，最后当作至宝上缴国家的“田黄三联印”。其二则是著名的“田黄九读”（即“鸳锦云章”连环印）以及乾隆晚年所刻的一套以田黄、白芙蓉为主要材质的“璇玑仙藻”套印。

从公开资料中可以发现，故宫博物院以及台北故宫博物院中，实际有不止一种材质所刻的“三链章”，台北故宫博物院至今仍保留着一件黄玉三链章。然而，在溥仪逃亡时只带走了田黄制作的三链章，并始终不肯离身，而并未带走其他材质的三链章。这说明田黄三链章对于晚年的乾隆来说是何等重要，也暗示着它应该是乾隆晚年极为珍视的至宝之一。溥仪深谙其珍贵价值，因此将其上交人民政府，实际上也证明了对乾隆而言，田黄石这一材质是一种具备凌驾于工艺价值之上，超越了一般宝玉石价值的吉物。

清乾隆　田黄三联印

古人称雪为“仙藻”，这里所指，当然就是白芙蓉石。而“璇玑”一词，既泛指北斗，又指北极星，古人也用以比喻帝王的权柄。乾隆以“璇玑”“仙藻”分别命名这套印章，无疑是把田黄石作为“石中帝王”来看待。由此可见，“石帝”之位，实际上并非当代人妄言加尊，而是名分早定、流传至今。

清朝衰败以后，民间收藏群体再度成为田黄石赏玩的队伍中的主力，他们中多数是来自清末的官僚群体，还有一部分则是民间的富商或文化界名人。民国三年（1914）出版的《寿山石考》曾就民间对田黄的收藏情况作出详细的梳理，书中提及：清末帝师陈宝琛把收藏的田黄石都交给其长子陈懋复保管；居于福州黄巷的原任浙江巡抚王雪轩藏有两寸多大的田黄（清代一寸为今3.55厘米）；宁波商人李祖琼拥

有67方田黄印章，11方都有半寸大；四大名旦之首梅兰芳热衷购买田黄。

民国时的艺术家也多好金石，其中最为著名的田黄爱好者当属吴昌硕，他因此还和他人有一段因为田黄所有权而起的纠纷。今藏于西泠印社，原为吴昌硕所有的“十二田黄章”，均为吴昌硕自镌自用的文房书画印，如创作于1889（乙丑）年吴昌硕46岁时所篆的“酸寒尉印”，1909（乙酉）年吴昌硕66岁时所篆“弃官先彭泽令五十日”，1911（辛亥）年吴昌硕68岁所篆“古桃洲”，创作于1912（壬子）年吴昌硕69岁所篆的“缶老”等名印，均在此列。

从明朝晚期至今，由产量、介入流通的人群、科学研究成果等因素始终在不断变化，田黄石的各方面概念一直随时代变化，不断产生变动。譬如早期寿山分为“三坑”，即田坑、水坑、山坑。田坑这一说法，时下已经较少使用。今人冯志杰与石巢均认为这一说法被逐渐淘汰的原因是以往外乡人缺少与寿山本地人的沟通，因此以讹传讹，对田黄的产地自然有误解，错将田黄石与其他寿山石混淆，以为三坑所产，都是自有整条矿脉的矿坑里采得，因此以“坑”呼之。现今已经不再有这样的误解，因此逐渐淡化了“田坑”的概念，单纯称之为田黄石。如20世纪80年代，田黄石在丰产期时，500克以上称巨田，250克以上方能称大田，50克以下，即被称为“田黄仔”，其被认为不成材，寿山人挖田时捡到往往还抛回田间，不愿浪费时间。而到今天，田

吴昌硕旧藏田黄石十二自用印
西泠印社　藏

黄石的掘采所得越来越少，30克就算成材，50克就已属难得，本地人一旦采到，便会去寻求名家雕刻。日常的采掘中，最多的只是10克左右的小粒田黄石，因此“成材”和“田黄仔”的标准，也随之变更。再如前文所述，田黄因其脂润感、细腻度而一度被常年认为是蜡石之属，到20世纪80年代才得以被证实其成分与蜡石并无关联，实为地开石、珍珠陶岩以及高岭石组成的复杂矿石。

这种“变动”，实际上是人们不断探索追寻之下，对田黄认知逐步变得更为清晰、明了或是掘采进入不同时期、阶段的结果。不过，在有关田黄石的各种概念中，亦有至今为止均比较稳定、统一的共识，这些共识，是寿山本地亦从实际经验中得到印证，予以认可的。

首先是田黄的色彩分类上，田黄石一般按“石肉”不同的色彩分为“田黄”“红田”“白田”“黑田”。石巢在《印石辨》一书中提及20世纪20年代，有人将田黄石与其他田石一样称为“黄田”，他在文中写道：“田石以埋藏在田里得名。因色黄者占绝大多数，故有时统称为‘田黄’。”

20世纪20年代偶然有人称黄色者为“黄田”，以示与白田、黑田相区别，但30年代以后，就再也没有听见叫“黄田”了。实际上，田黄石是一种总称，无论红田、白田、灰田，均多少带黄色，否则并不能被称为“田”。

田黄石的不同色彩，源于母矿色调的不一，即便是相同色系的母矿，表现出的色感也各不相同。现今有人称尚有“绿田”“蓝田”等，在寿山本乡所出田黄，古来也从无此色，本土正规研究相关内容的可靠文献及出版物中，也未见此说。

从科学的角度看，坑头石、高山石矿脉既无绿色或蓝色，田黄产区的自然环境也无使田黄石转绿、转蓝的致色成分，故可知这一说法，可能多为外地收藏者在市场交易中见到一些母矿为绿色的掘性石、包浆浓厚的老石，误辨所致，至于所谓“蓝田”则纯系商业流通中，有人以外地石冒领田黄石之概念牟利，因此产生混淆后所出现的错误认知。

存在于田黄中另一重要的概念共识，是一套较为完善的，以色阶与质地作为准绳的价值评级方式。田黄石中，首重的是质地。所谓质地的好坏评判，首先看是否光滑细腻、其次看是否紧致凝结、第三看是否纯净无杂，第四看手触时是否富脂润感，最后看是否反射光柔和，此五项条件，每符合一项，其价值就提升一阶。

质地上最高的等级是“冻地”，其形象类似琥珀，也像凝固的蜂蜜，通透而有胶质感，但反射光柔和类珍珠，不刺眼，这种品相被称为田黄冻，是田黄中等级、价值最高的。

石巢在《印石辨》中，对这种衡量标准作出总结，并称之为“六德”，即“温、凝、细、结、润、腻”。

“温”是指触手不感觉冰冷，这是对比其他石种，尤其是坑头石而言。坑头石由于矿脉长期浸于

清　田黄石龟钮方章
54克

清　田黄石
吉羊如意　浅浮雕章方章
160克

清　田黄宫廷宝玺风格兽钮扁章
22克

清　田黄石竹节钮章

地下水中，因此即便有些外观类田黄，但依然入手冰凉刺骨。作为次生矿的田黄石，却已经脱离了这种母矿的秉性，入手后很快会受到体温影响，故此为“温”。

“凝”即视觉上带稠厚、凝结之感，在寿山石的标准中，一定的透光度称为“通灵”，如凝结而通透的质地，则被称为“凝灵”，在田黄石类目下，田黄冻就是“凝”的典范。

“结”则是密度问题，田黄石经过亿万年的埋藏，凡是质地疏松密度不强者，基本在漫长的时间中化为齑粉、不复存在，能够留到今时今日的被掘采而出的田黄石，一定是密度相对较大的，有明显的紧结、内敛感，结构不松散，刀刻不脆硬，有一种向内聚敛的视觉效果，从科学角度上来说，就是石体的组成结构，排列更为规律、密集，这即是“结”。因此寿山石中又有“老结”之说，意为久经考验，石材结构稳定而不松散。

“细”即细腻，而“润”则是润泽而不干涩，体现在视觉上，表现为有温和的反光情况，体现在触觉上，则表现为把玩时顺滑而无滞涩感，一般而言，润泽度这一标准主要会被用于同山坑产石或一般掘性石进行对比。如不够“细”和“润”，且石体粗糙、枯涩，缺乏柔和的反光，色调板滞不活，则往往被称为“硬田”或者“偏田”。

值得一提的是，“六德”中的“腻”实际上不是指细腻，而是指田黄的表面常常带有的蜡质感，使人在摩挲把玩时感觉到一种“黏腻亲人”的吸附感。

除“六德”以外，田黄石的色彩也是市场流通中一种最重要的评判标准。田黄石色彩从地质科学上来讲，属于次生环境中的铁氧化物吸附石皮上而致色，所以田黄的黄色为次生色。这就意味着，环境不同（如土壤颜色不同、所处位置不同）、母矿不同、埋藏时间不同，都会令色彩有所变化。

田黄石在经历数百年的采掘、玩赏之后，业界人士总结出了材质不同的田黄石在色彩上具备了一些共通特征，自此，以色彩论品质也成为田黄石日常流通中常见的一种价值判断逻辑。1934年，张俊勋在《寿山石考》一书中首次对这套经验作出总结，将田黄石分为“橘皮黄”“黄金黄”“桂花黄”“熟栗黄”。在田黄石相关研究中，这是明确的以文字记录“色彩分阶”的首次尝试。这些色彩被人们高看，主要是因为常与优越的质地共同出现的缘故，而非孤立的一种审美延伸。

此后近百年内，田黄石的色彩分类越来越细致，常见的据色调分级的情况为橘皮黄（红）、黄金黄、枇杷黄、熟栗黄、鸡油黄、桂花黄、桐油地（或称“桐油黄”）等，其中以橘皮红、橘皮黄、黄金黄为最优。这些细致的色彩划分虽然使人眼花缭乱，但多为不熟悉田黄石者，为能够更为直观地划分价格区间所进行的定义，对于田黄石的价值判断是一种综合性比对后的结论，单纯的色彩并不能对田黄的品阶高下完成明确的定位。如过往曾有人认为“番薯黄”并非高级色彩，但有些“番薯黄”田黄

寿山溪田番薯黄田黄原石

石的质地优渥，颜色对其流通中的价格并不构成影响，现如今田黄石高度稀缺的情况下，一些较少出现的色彩，甚至被认为是一种“品种石”，受到人们的青睐。

以“色阶”定等级的手法，其实在日常鉴别中不能独立发生效果，而必须和“六德”结合看待。符合“六德”者，色彩较淡、较暗，也被认为是好石。而色彩浓厚者，如果不合“六德”，石性较重，也会被认为比拥有同样色彩，但更符合“六德”标准者逊色。故而在判断田黄石等级时，“六德”标准与“色阶”衡量，两者都非常重要，是缺一不可的。

此外，田黄石还有其他的概念，如“四坂说”“无格不成田”“无皮不成田”“无丝不成田”等等，无论是在科学上还是在实际采掘、流通实践中，均有或多或少的争议性，不能算作对田黄石鉴别中的硬性标准。它们的存在，只是一种对田黄石普遍特征的描述，而不宜纳入田黄石的概念中来看待。

二、田黄的产地

田黄石素来有“无根而璞，无脉可寻”之说，这主要是针对田黄石采掘的随机性而言。在寿山中，有两条溪水流经寿山村，其一是坑头溪，另一条是大段溪。坑头溪自寿山高山脚下坑头占发源，而大段溪则是在高山西侧发源，它们在上坂大段处合流一段路途后，又与源自旗山的大洋溪交会，三溪绕过寿山村，经碓下至下竹弄，流过下底坪的乱石滩以及周围地势险峻、山石峙立的结门潭后，就彻底进入连江县地界。而自坑头占到结门潭之间大约8千米左右的溪流，寿山人称之为“寿山溪”“宝石溪”或“田黄溪”等。

1933年，龚礼逸首先在其编纂《寿山石谱》中记载下了当时寿山人以寿山溪流经之地，对田黄石产地进行区别的方式，将田黄石的产区分为上坂、中坂、下坂、碓下坂4个坂段，这就是后来大家常常提到的“民国四坂说”。

这一说法，明显比张俊勋在次年出版的《寿山石考》中所记述的，认为田黄石既可出自田坑，又可出自都成坑、迷翠寮、鹿目格等山坑矿洞的错误说法来得正确得多，也成了一种延续了很长时间的产区划分共识。

龚礼逸对于“四坂”的具体划分情况没有详细进行描述，而实际上各坂之间没有一个明确的地理上的分界，只是基于经验的一种划定，这样的开端也让之后不同时代的研究者或采掘者的认知随时代变化，出现了各种不同的表述。

田黄石保护区

寿山"两亩地"

20世纪末，人们对田黄石产区的定义最终还是随着出产而发生了两次较大的变动。第一次产区的变动发生在改革开放以后，正如王一帆在《寿山石之田黄》中写道："挖掘田黄石范围向下游延伸，所以现在石农将原来的中、下坂合称为中坂，将礁下至结门潭划为下坂。"第二次产区的变动发生在20世纪90年代后期，随着田黄石的产量逐渐下降"人们开始将整个坑头溪流域纳入田黄石的产地……现在以整个坑头溪流域来计算的话，延伸到了8千米，接近原来的3倍，这种划分方法被普遍接受。"

近30年间，在寿山上，只要是寿山溪整个流域8千米范围内所产，质地优良，符合"六德"且"田化"状态明确的，都会被计入田黄石范围内。2019年，许雅婷在《老挝石与相似寿山石的对比研究》一文中提到了两个重要内容，其一是"土壤中和水体中所携带丰富的铁离子，在酸性环境下形成了铁（氢）氧化物，这是影响田黄颜色和红格形成的关键因素。"其二则是"这一区域的铁元素主要来源于次生石英岩化以及黄铁矿化。水样中的铁元素含量从坑头溪至下游方向逐渐下降。"

即是说，田黄石的产生，是由坑头溪中所携带矿物质的影响力所决定的。可以为之佐证的是，在寿山人数百年采掘田黄的经验看来，同样发源在寿山主峰的大段溪，与坑头溪合流的另一水脉大洋溪从未有采掘到田黄石的情况。因此寿山人也留下了"不吃坑头水，不产田黄石"的说法，这种口口相传的"窍门"，从侧面说明了坑头溪可能在矿物含量上有着与其他两条水脉不同的独特性。在中坂、下坂处虽然出现了与其他溪水合流的情况，但实际产生作用依然是坑头溪中所含的特殊物质。

随着合流带来的影响力稀释，田黄石在结门潭以后的流域就很自然地难见踪迹。

因此，田黄石的产区虽然是坑头溪和大洋溪两条水脉的流域交会处，但主要是以坑头溪为产地为核心。而对于田黄产区的划分，当然也就非常清晰地止步于此。

21世纪初，田黄石的产区划分又面临了一次历史性的变化：2000年，时任福建省省长习近平赴福州寿山乡考察时，提出了保护和提振寿山文化的“十个一”规划，亲自选址在寿山村建立“中国寿山石馆”。2001年，习近平同志又为《中国寿山石文化大观》作序，其中提到“挖掘寿山石文化优势，做好寿山石文章”。为了保护仅有的田黄资源特别规定：以上游三株大树为起点，到拱桥止为终点，沿溪两侧各50米为“田黄石”保护区范围，而其中一个至今都十分著名的禁采区“两亩田”正是在此次办法规定中被确立下来，也成为田黄石产区中的第一块有官方命令的禁采区。

“两亩地”最初是20世纪70年代寿山村实行种田责任制时，由于归属权不清，因此不被允许开采的特殊地界。后来，生产大队决定将之分给村民黄日财作为责任田的土地。不过当时队委会与他约定，分得此田的条件是只能种田，不能采石。由于黄日财一家遵守诺言，且寿山村内有不成文的村约，他人的田地，不能越界采掘，于是这两亩水田虽在1949年前有过少量的采掘，但在此之后的几次田黄采掘大潮中，都由于特殊情况而得以幸免，未曾被大规模采掘过。

清　田黄石瑞兽钮章
18.5克

明末清初　田黄石
异兽书镇
台北故宫博物院　藏

这一做法，也是期望能够在上、中坂地界中，存续田黄的根脉，意在将之留给子孙后代，令田黄石及其文化故事，可以继续源远流长。但在禁采区以外，田黄石的采掘仍在继续。由于传统的田黄开采区的田地经过数百年的反复挖掘翻找，原本的地貌环境已经大为改变，如今在原本的“四坂”位置上，到处都是采挖遗留下的坑洞和废土堆积之处，比如上坂溪流域，至今已不存在固定的水道，水流往往是在凹坑沟渠中蜿蜒盘绕。

2001年，中国寿山石馆的建设工程启动，由于寿山国石馆馆址在下坂的起点处，奠基之前村中前来采石者众多，许多人发动亲戚朋友，甚至调来了挖掘机，都希望在即将动土的工地中再见到一些漏网的田黄石。

由于经过常年的采掘，上坂的地势改变极大，有些人甚至拆掉自家的老屋翻找地基的土壤寻田，这让“溪管屋”之类标识性地名不断消失，过去的一些名称也就不再沿用。近一两年，寿山人在掘田黄石时，往往以坑头占至“田黄两亩地”为上坂，从“两亩地”至“中国寿山石馆”方圆1万平方米范围为中坂，离开中国寿山石馆的1万平方米范围之外至结门潭都属下坂。

鉴于“两亩田”和中国寿山石馆的建立，上坂、中坂的采田历史，似乎也将走到尽头。但是，寿山人大多坚信仍有田黄宝石蕴藏在这两处产区。这样的想法是有依据的。2005年，福州遭遇了前所未见的特大台风“龙王”灾害，寿山上因此暴发了严重的山洪，并出现严重的山体滑坡，然而“龙王”过后，寿山人却惊喜地发现，村前的溪流中发现了不少田黄，体量最大的甚至能够重达200克。人们据此推测可能是上游溪流与巨岩底下，尤其是埋藏在深潭底深处一些无法开采的田黄石被台风“龙王”引发的山洪带出后顺流而下，因此才使原本埋藏的田黄石再次出现，这也昭示着在上坂、中坂区域仍蕴藏了不少人力难以探索的秘宝。

2020年至2021年，寿山人在上坂和中坂地区发现了新的田黄石产地。由于夏季持续大雨，上坂、中坂区域都发生了洪水，造成水源向下奔流，涌入下坂一处早期寿山本地人挖掘田黄石被废弃并形成的一个深水潭，名为“龙井”。2005年“龙王”台风后，有人在积水潭附近发现田黄石，于是迅速调来抽水机把积水抽干，并在潭底收获了一些体量较为理想的田黄石。由此可见，虽然人力很难再找到田黄石的踪迹，但大自然的力量仍然会不时将上坂和中坂地区潜藏的田黄石带出。这也间接说明，时至今日，我们仍然将上坂和中坂地区视为田黄石的传统产区。

现代　周宝庭作
灰田黄石　古兽手件
51克

当代　郭懋介作
田黄石薄意摆件
76克

对于田黄石产区中的“坂段”说法，之所以引起广泛关注，主要是因为在过去的采掘过程中，不同的坂段往往会产生不同品相和质地的田黄石。根据过去的经验总结，寿山人认为在采掘中，中坂坂段最容易产出上品田黄石，紧随其后是上坂，最后是下坂。然而，实际上，这是因为中坂当时有一个自然村庄，人口相对较多，采掘活动也更频繁，因此好的田黄石多产于此。一旦田黄石离乡流通，人们询问出处，石商则通常会说是来自中坂，这给人一种中坂产的田黄石必定是优质的感觉。随着田黄石被大众所熟知，寿山本乡以外的人通常已经无法凭借原石特征来确定采掘的坂段，他们只是按照惯例，将这些不同产地的田石按照品质高低进行分类，质地最好的田黄石直接称为“中坂田”。这也使得很多人错误地认为只有中坂才能产出上品田黄石，而上坂和下坂的田黄石一概都不如中坂所产的优质。实际上，上坂、下坂所产，也有不逊色于中坂的佳石。

不过，不同的坂段受到地形、水流和土壤环境的影响，确实会产生许多完全不同的田黄石品相。王一帆曾经记录了寿山本乡人流传的经验，即“上坂的田黄石颜色较浅，常有棱角；中坂的田黄石呈黄色，挂皮明显；下坂的田黄石质地优良，挂皮较稀薄”。但这种说法只是针对不同坂段普遍产出的田黄石品相，而不是特定坂段的田黄石都如此。我们知道，田黄石是在地质运动时期从寿山主峰和矿脉中风化剥落后滚落至土壤和溪流中的。作为一种独石，它会受到地震、水流等外界因素的影响而随机迁移，并没有固定的目标。这种迁移性也决定了任何一个产区都可能出现与常态不同的特例。因此，本书中关于三个坂段产区特征的描述也仅仅针对正常情况下的普遍品相而言。

三、田黄的成因与采掘

田黄的成因在地质上有着复杂、艰深的科学理论。对于一般的收藏者来说，只需要了解基本知识，通过这些知识来辅助田黄石的鉴别即可，不必过于深究晦涩难明的内容。从实用的角度来看，田黄的科学成因可以分为五个方面。

首先是田黄石体的成因。田黄石是一种次生矿石，原本属于高山、坑头矿脉中的一部分。在地质运动时期，由于地震、风化等原因，这些矿脉中的原石裂解、剥落，滚入溪谷或田土区域。经过长年累月的渐变，又随着地质变化和水流冲击移运到各处，经历断裂、磋磨后，被环境影响而生成我们熟悉的田黄石。这个过程在寿山人中被称为“田化”。因此，寿山人历来采掘田黄石时就有一个说法，即田黄石多数都是聚落式分布，有“君石”（大田黄石）也有“臣石”（中、小田黄石），一“君”周围必有“群臣拱卫”。其实就是大块剥落的原石，随着迁移后破碎、田化，出现大田四周散落小田的格局。在寿山上如果出现方圆几十米内均无小田黄石，仅有一块大田黄石，则称“飞来田”，意为天外飞来，才能绝世独立。由于这种剥落的原石本就有限，因此田黄石从古至今，所采掘的量不超过500千克，是一种极为稀缺的资源。

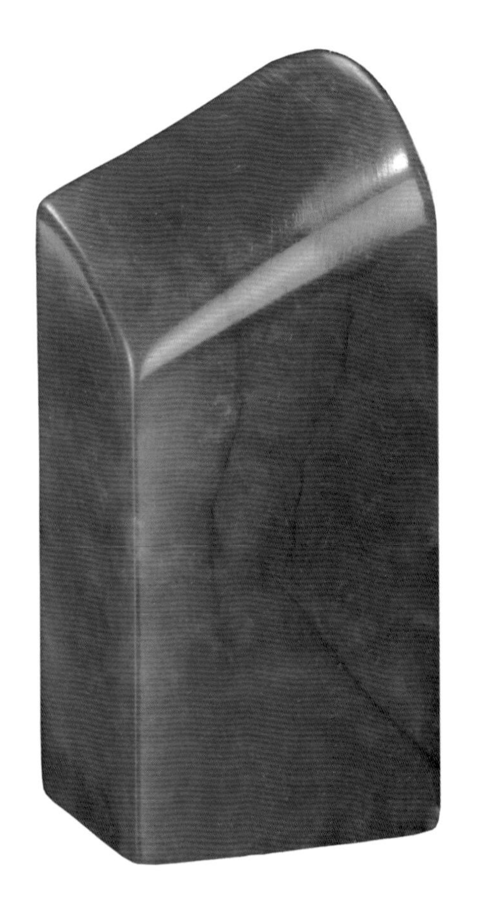

有裂格田黄素章　31克

其次是田黄色彩的成因。火山喷发时的热液经过化学反应，生成了大量的铁元素渗透、运移至地表，在寿山地区的三坂范围内，尤其是发源坑头占的寿山溪流域，溪水和土壤里形成一种带有弱酸性的氧化环境，田黄之“色”，其实就是这种环境逐渐影响而成的。寿山人从过去就有一种普遍的经验，认为挖掘田黄石的古砂层吃过坑头水，因此会“长”田黄，使田黄“熟成”，这实际上就是基于采掘经验倒推出来的地质真相。由于这一自然过程通常是渐进式的，至少需要上万年的时间才能完成，因此田黄才有如此丰富的色彩分别——石体的基础色和环境的影响都会造成最终色彩的不同。

第三是“红筋”“红格”的成因。田黄石在运移过程中，因碰撞产生的裂隙，也在这种充满铁矿物的环境中逐渐得到胶合、充填，这

明　田黄石雕瑞狮纸镇
200克

些铁矿物以厚膜状、短针状、薄膜或微细粒状这三种状态分布于格裂面上，就成了众所周知的“红筋”“红格”。之所以红筋、红格不影响田黄石的稳定性，实际上已是经过被大自然“填充修补”，二次成型的结果。由于田黄石在自然环境中生成，胶合的格痕非常常见，因此才有“无格不成田”，实际上所说的也是这种筋格在田黄石中多发，而并不是非要有筋有格，才是一块标准的田黄石。

第四是石皮的成因，它的生成也是与田黄的生成过程同步的。石皮本身的主要矿物成分相同，是原本的矿石在次生环境中被风化、磨蚀后的田黄表层矿物，随着外界元素迁移黏合，最终成为“石皮”。过去有人将田黄石的石皮剥去，但又会随着时间缓慢生出新的石皮，因此寿山人常说“石皮会长”，其实就是这种变化是始终渐进发生的证据。

第五是田黄石的“萝卜丝纹”的成因，由于田黄石母矿是剥落自寿山石矿脉，因而其所含成分必然是岩浆活动产生的热液凝固后，因为不同温度、应力而产生的。有科学研究表明，田黄石的“萝卜丝”纹路，其成分是硫磷铝锶石。硫磷铝锶石的生成温度远高于构成田黄石母矿的其他矿物成分，也就是说，“先有母矿后有田，丝纹还在母矿前”。田黄石的萝卜丝纹这一表象，是早于筋、格和石皮出现，真正属于田黄石原生结构的一种特征。这一结果，当然也是给寿山人一贯持有的“唯丝论”（即田黄最大的判断标准是萝卜丝纹）带来了坚实的科学理论支撑。

基于如上的成因，我们知道，田黄石是原石矿脉随机剥落后再经历亿万年迁移后的结果，因而它的踪迹也是不可预测的。故此，其最为出名的特点就是“无根而璞，无脉可寻”。20世纪80-90年代，山坑石的矿脉产量激增，但田黄石却无法用同样“探脉”和“定点采掘”的方式提升产量。对于田黄石的采掘虽然历史悠久，但数百年来这种寻觅的随机性都极强，无论采掘田黄石多长时间，依旧只能靠运气，谁也无法做到十拿九稳。即便寿山村人几乎家家户户都有采掘田黄石的资格，但有些人家十数年都采掘不到一颗像样的田黄石，有些人家却在自家田头掏田鼠窝都能摸出体量不小的田黄石，村中还曾出现过“扒渣土”寻到田黄石，甚至只是在寿山溪中涉水，田黄石就滚入鞋中的情况。

极品乌鸦皮田黄原石 >
300克

偶然拾得的情况毕竟少数，日常大多数田黄石还是通过人力采掘、筛选而出的，获得田黄石，主要依赖两种采掘方法：田采和溪采。

田黄石大多数是通过田采获得的。田采可以分为两种情况，一种是田土中零散埋藏的田黄石，另一种是埋藏于离地面一定距离的古砂层中的田黄石。这些古砂层有厚有薄，多为20～30厘米，距离地面的深度也飘忽不定。根据《印石辨》记载，民国时期有些古砂层需要挖掘至地下6～7米，但根据现代的采掘经验，除了少数可以在1.7～2米的深度找到古砂层外，更多的是深度达到10米以上，甚至有的需要挖掘至地下20米才能找到古砂层。

一旦发现古砂层，就有很大可能挖出田黄石。如果古砂层中杂陈着许多小块碎石，那么就有望采掘到田黄石。而如果整片砂层非常平整，不见碎石，那么根据经验判断，其中可能没有田黄石。挖掘时穿透古砂层被称为“见底”，一旦“见底”，下面的普通土壤中就再也找不到田黄石了，采石人就会停止挖掘。

寿山人在酷暑中采掘田黄石

接近古砂层处掘出的田黄石

古砂层与田黄石关系密切，并且是一种相对有规律可循的地层特征。寿山人将其称为“石土”，认为这种古砂层聚集了地力，是能“长出”田黄的奇妙之处。然而，纵观近年来各类科学论文，从20世纪90年代至今，似乎还没有对这一情况进行系统研究解密。因此，在本书中我们将保留这一传统说法，以供后人进一步探讨。

“田采”并非一般人所认为的那样没有危险性，在《印石辨》中，记载了田黄石的采掘情况：“采掘田黄石最初是在农闲时节的活动，每掘即组织四、五人，二人掘，二人运土。清朝末至民国初，每挖掘尚可得一二石。常闻挖掘太深，致出事故者。其后即常闻挖掘终日不得一石，甚至数日不得一石。但亦曾闻在耕作时偶然翻得一小块。现在已不可复得了。”

20世纪末，寿山村本地的村民只需花费少许，就可以轻松拿到一份自留地用以采石。在许多人背井离乡、外出打工赚钱的年代，寿山人却是留在家里依靠采石，卖石，便能赚取相当可观的收入。因此，许多人抛弃农事，专门对田黄石进行采掘。一次次的高价成交，则让这种采掘之风愈演愈烈，这也使得田黄石再次进入丰产期间。

时至今日，寿山人仍然在自家的自留地中坚持挖掘田石。不过如今已经越来越难以挖掘到田黄石了。因此，这项工作已经不再是偶尔在农闲时进行的事情，而是一年四季必须全力以赴、不间断进行的工作，需要付出巨大体力和存在一定人身安全风险。一旦收获，所得也与付出成正比——挖出几块品相饱满，质地莹润的好田黄，便可作价十万甚至百万。

如今想要出一块大田黄石，已经越来越不容易。过去，挖出几两甚至数斤重的田黄石虽然是大事件，但却不算奇闻，毕竟是有不少前例的。当时寿山村人们采石，挖到拇指大小的田黄石，往往随手扔回土中。近20年间，随着田黄石越发稀少，每次采掘中对土地的深挖总会形成数人高的坑洞，一处动土，周围就全部变成虚土，岌岌可危，时刻有塌方的可能性。尤其是在下坂区域采掘，有时候会深入山体，一路没有成型的道路，有些地方需要手足并用攀爬上去，而采掘的洞中，有时山石悬空，摇摇欲坠，随时会有山石掉落砸伤人的危险，可以说采掘者无不是豁出性命。从过往寿山人的经验看，这种险恶之地，风险大，回报也大，要么无功而返，连细小的田黄石也不见踪影，要么就会出大田、名田，只是田黄石本身在成矿时就是随机滚落、随地脉移运，采掘不存在明确的目标，只能完全靠运气，与赌命无异。

如今的石市之中，20克的田黄石就可算“成材”，作为石商，如果店内拥有几件30～40克的随形摆件，只要质地够好，就足以撑得起场面。以田黄切章的机会越来越少，且多数所出的印章也仅手指大小，多数能见到的是随形的摆件。现实环境也改变了田黄石的采掘情况，当代寿山人在挖出土渣后，就不会再像从前那样随意抛弃，而是要把渣土放在藤编的筐箩中过筛或用高压水枪冲散检视，即便是一些小拇指盖大小的田黄，大家也会收拾起来，做一做手串、项链，谁也舍不得放过一块。

另一种采集田黄石是“溪采”。溪田在长年累月水流冲刷下，形态如鹅卵，仅存在于寿山溪流域的河床和附近土壤。溪采得的田黄石一般称为“溪田”，由于水流冲刷作用，所以一般没有棱角，弧边圆润，溪田一般润度更高，形态更为亲人，因此也被公认为田黄中品级最高者。

简单通过巡视溪水得石的情况在20世纪20年代已极少见，而当代的采掘，其难度要更高了百倍不止。因此当代溪采之前一般会在水道边挖沟渠引流上游来的溪水，但寿山溪并非源头下游，本身水道也会向外渗水，且速度颇快，因此，想要“溪采”首先必须使用抽水机将水抽干，然后在短时间内迅速进行挖掘和搜索。溪采过程中，水道涌流的速度决定了工作进展的快慢。一旦水位达到一定高度，为确保安全，采掘工作就只能暂停，等待抽水机将水抽干后再进行采掘。

在“田黄溪”道进行采掘工作

清　田黄石兽钮章
40克

当代　王雷霆　田黄石
福禄寿喜　43克
福州雕刻工艺品总厂　藏

寿山溪在寿山乡被认为是“公家地”，与“田采”不同，这里没有清晰的边界线，任何人都可以在整个水道流域内进行采掘。采得的田黄石归采石者所有，不会引发所有权争端。寿山村过往时常有雇工在工闲时到溪中采田，村民也并不加以阻拦。正是因为溪水中的田黄石是可以被承认自有的，因此有不少游客，到寿山村游玩时会下溪“摸田”。如2000年前后，就有两位外地人前来寿山村务工，恰好遇到连续不断的大雨。大雨停后，寿山溪水势暴涨，他们便趁夜晚时分，玩笑式地相约去“寻宝”。他们出门后没多久，居然真的在溪边捡到被水流冲出的一枚大田黄石，寿山村人听闻后对此都无异议，还为他们引荐喜好田黄的收藏家，并证明此田是在寿山村中所得。这件田黄石后来被收藏家以数百万元购去，两位外乡客人将收益均分，人生也从此得以改变。

溪采时如在某一处已定好位置，但采掘工程还未开始时，就需在水道处堆石圈地，示意此处有主。村中其余采石人见到溪中有人以石块垒起的圈子或采挖的坑洞，就知道此处已经被他人占先，不会再有造次。直到采石者认为自己的采掘工期已经告一段落，将圈地的石圈撤去，其中的水道才会再度恢复“公有”的形态，其他人才能再于其中进行探索。但如不进行圈地，则他人也有可能在此处采石。

最近几年由于溪田越发稀少，一些大胆的开采者开始热衷于“追流探采”，也就是沿着溪流的走向溯源进行采挖。如果溪流钻入山体，采石者就会“挖山”，先设法削入山体，用雇工挖去浮土，再沿着暗河水脉继续采挖。在这种情况下，田黄石不仅可能出现在河道内，还可能出现在暗河附近的深层土壤中，从前也曾有人在这些地方挖出古砂层。这种采掘方式被视为“溪采”的一部分，但危险程度极高。

田黄石的采集方式也是定义田黄的重要部分，任何“田采”“溪采”以外，通过矿脉洞采的石材，即便有接近的色泽或形象，也不能被称为田黄。

当代　郑世斌作　田黄石
春江水暖　薄意摆件
195克

第二章

田黄的分类与品级

田黄石的分类通常是通过颜色、石皮和质感进行划分，并综合考虑以上三点的情况来判断高低品级，其萝卜丝纹的有无及其呈现状态也可以用于辅助判断田黄石等级。由于萝卜丝纹的生成早于田黄石体本身，因而自然界中，没有萝卜丝纹的田黄石是极其稀少的。冻地田黄石或不甚透明者可能会出现丝纹不清晰的情况，但如完全无丝，则应对真伪存疑。田黄石的萝卜丝纹有多种不同走向，规律、幼细、飘逸感强的丝纹更为优质，而杂乱、粗壮的丝纹则与前者相比品级略逊。

在“色、皮、地、丝”四项特征中，符合这四项高品的特征越多，田黄本身的价值品级也越高。在田黄石交易中，有不少人将克重的重要性摆在衡量田黄石价值的第一位，甚至将克重作为判断田黄石价值唯一的准绳，实际上是一种不够了解田黄文化导致的刻板印象。

多年来，在田黄石的颜色、丝纹、质感及石皮（次生皮）等方面，流传了许多不同的说法。其中，商家以话术砌词促进交易的说法占很大一部分，而另一些说法则是后人将其他宝玉石材质的特征附会到田黄石上带来的延伸。即使在寿山石从业者中，多数人在田黄石的判定问题上不能像寿山村本地人一样日积月累、耳濡目染，获得的资讯都是经过传播和解读的二手信息，因此也无法建立明确、清晰的认知。加之田黄价格高昂，市面上如有专门经营田黄石的石商，往往出身于寿山村，有些人是祖上三代都经营此道，没有这一优势的石商，即便能够看懂一些门道，也不敢轻易沾手、涉足专门的田黄经营，唯恐一旦认知有误，就会蚀本。

经营者倘若仅抓住其中一种特征大为渲染、强调，弱化其他要素，甚或自行创造出一套所谓辨识标准，则其说法可信度就有较大的问题，或是对上文所提到的标准缺乏基本认识，或出于盈利考量，不宜信之。

当代　郭懋介作　田黄冻石
牧归　53克

一、田黄类别的划分

（一）以色彩划分

田黄石中，以色彩划分有两种不同情况，其一是以石材主体色调为基础的分类，即以黄、红、白、黑和灰进行区分。这种色彩一般与母矿的原生色彩一致，因此，我们称之为“田黄”“红田”“白田”“黑田”和“灰田”。其中，“田黄”不仅是一种色彩描述，也是这种品种的总称。在20世纪20年代，有人试图将田黄石统一为“黄田”，但由于违反传统惯例，未被广泛采用。

在五种颜色中，田黄占比最大。然而，它的黄色多数情况下并非天然形成，而是产生于次生黄沁。因此，另一种划分方式就是基于次生黄沁的具体情况的细分法。这种划分方式始于1934年张俊勋所作《寿山石考》中，当时仅有“橘皮黄”“黄金黄”和“桂花黄”“熟栗黄”四种，自此之后，这种命名多遵照这一规律，以各种生活中可见的参照物为类比进行描绘，如“橘皮红”“琵琶黄”“鸡油黄”“番薯黄”等。由于类比物过于宽泛，没有硬性的色彩限制，各人因理解和见闻不同，就出现许多不同的标准，也衍生了许多牵强附会的说法，在实际流通过程中带来许多误解。

1.田黄

指主体为黄色的田黄石，在上坂、中坂、下坂和碓下坂的溪田中，至沿溪而下数里处，田黄石的产量最多。田黄石的黄色不是一种稳定不变的色调，与产区环境和母矿的质地有关。相同产区采掘出的田黄石，色彩上常出现趋同性。如上坂段，田黄石的色彩偏淡；中坂坂段则色、质最佳，显得艳丽，饱和度也比上坂产区的多数田黄石更高；下坂坂段较多出现的田黄石，一般呈现出黄意深厚、浓重，色调较暗之外观。

20世纪末开始，田黄石色彩的阶梯和其价值发生了较强的联系，出现了极端精细化的划分，色彩的明度、浓淡，都被与价值挂钩。此外，坊间还有许多有关色彩定高下的看法、说法，而实际上这些繁杂的色彩分类只是田黄丰产期、价值再度攀升之后产生的一种细分方式，多为流通中为促成交易定价而逐渐产生。在寿山本地，由于对田黄石的质量判断维度较多，并不限于色彩，且“物以稀为贵”，少有这类需要主动促成交易的情况，故对于色彩的划分反而相对简明。

当然，田黄石的色彩往往与质地有一定相关性。在本书中，仅对寿山本地这类色彩的划分作出一个梳理和介绍。

① 橘皮红

色调为橙红基调，肉眼可见接近成熟的福橘皮色彩，在强烈的阳光或灯光透照下，可以见到如同石中存火一般的红色透出石皮。由于带有这种色彩特征的田黄石强烈，此为最上品。橘皮红因为地位尊崇，具有极强的材质价值，因此坊间也有人铤而走险，以大田进行火煨，以求石芯变色转红，谋求天价。但这样的田黄石由于受外力因素干扰，有脱水的情况，常常缺乏橘皮红的滋润细腻，手感和视感都偏向燥结，不能称为“橘皮红”，而应看作“火煨田”的一种。

不过由于当下科技手段不断提高，以“火煨田”造假的技术也不断在提高，一般不甚精通者在日常流通中遇见很难发现问题所在，仅资历深、眼力高者，通过长年累月地耳濡目染，才能辨别。

②橘皮黄

外观看似与“橘皮红”相近，也带橙红调，但强光透照下，石体中透露出的却偏向黄光，没有石中存火的视感，这说明石芯内色彩不如前者饱满，黄沁还停留在外层、中层，但未完全渗透，因而称“橘皮黄”。这一品相也属田黄中仅略逊“橘皮红”的精品，亦为难能可贵之宝。有些“橘皮黄”在放置数十年后，沁色会逐渐深入石芯，色彩更上层楼。

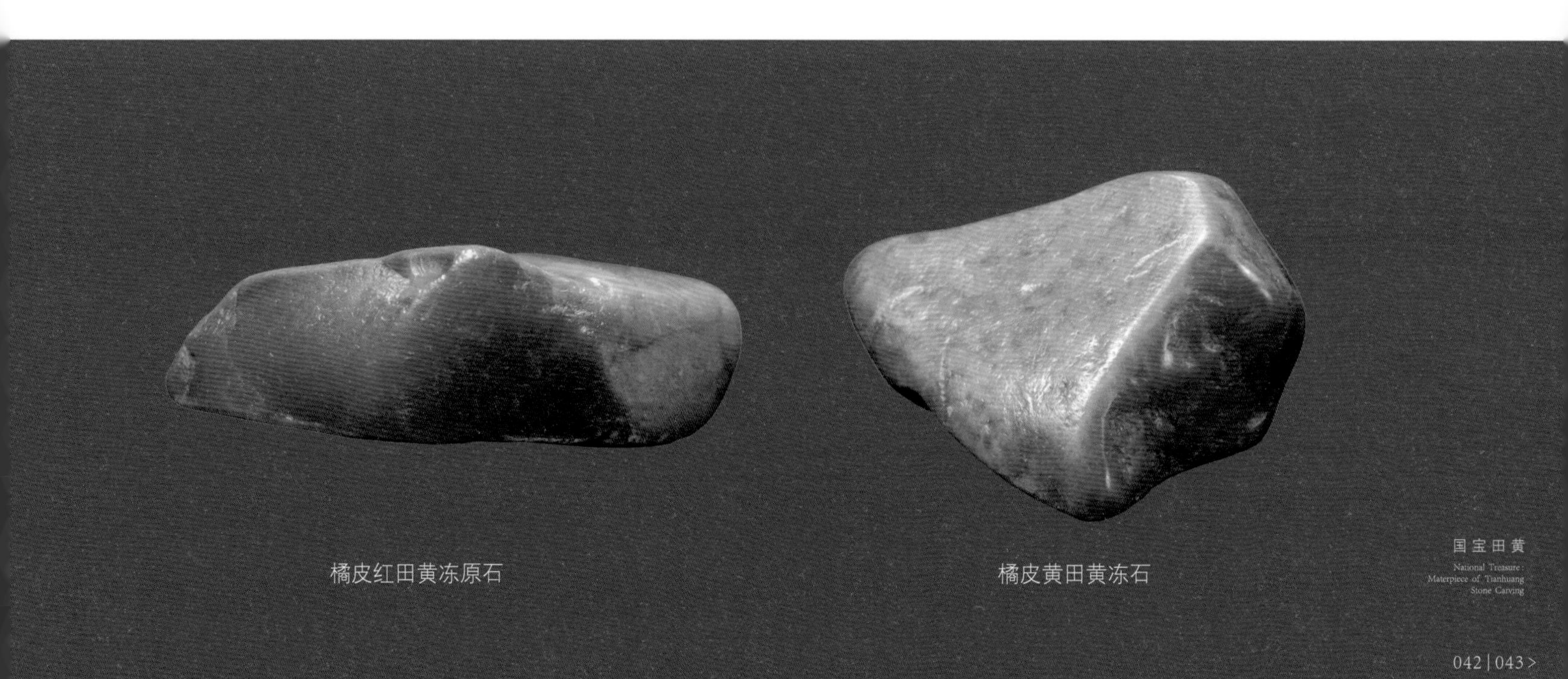

橘皮红田黄冻原石

橘皮黄田黄冻石

③黄金黄

“黄金黄”田黄皮肉色彩基调为浓黄，认为其金灿烂如黄金，但实际这一品相只是色调浓郁、醇厚，反射光柔和，并不像黄金一样因金属反射而显得刺眼，唯色调上有明快感。“黄金黄”田黄中有许多是冻石，也是价值的一种保障，能被定为“黄金黄”者，只要重量达到200克左右，就能在流通中被认为有上千万级的身价。

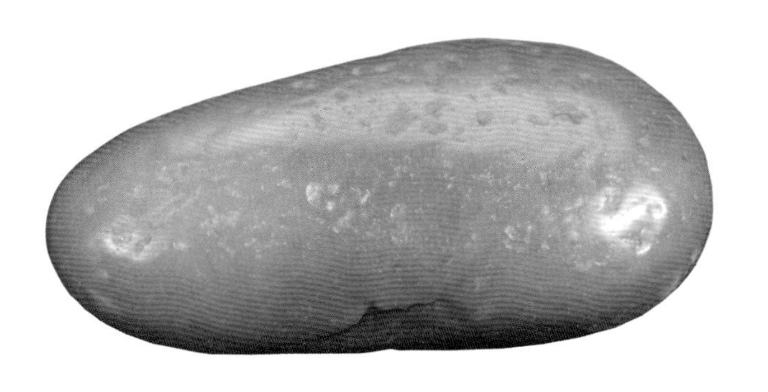

寿山溪采　黄金黄田黄冻石

④枇杷黄

黄而带赭，如将熟或熟透的枇杷色。

⑤桂花黄

虽属黄色但略带粉白色调，如同秋天的桂花的颜色。

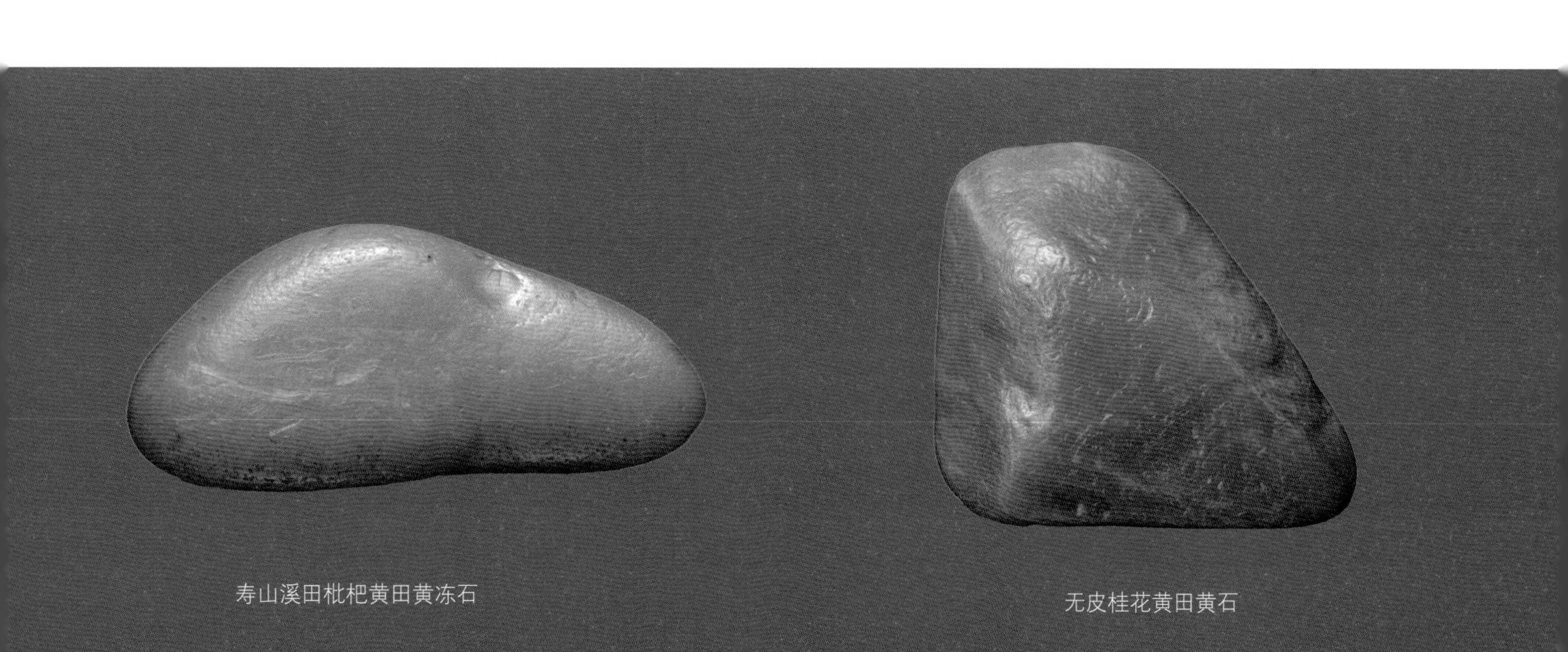

寿山溪田枇杷黄田黄冻石

无皮桂花黄田黄石

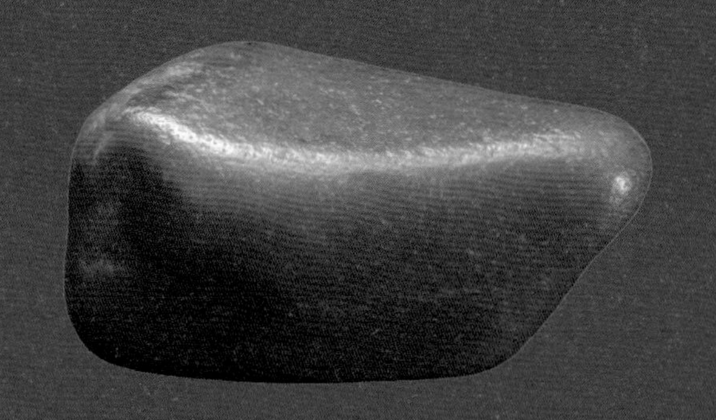

熟栗黄田黄石

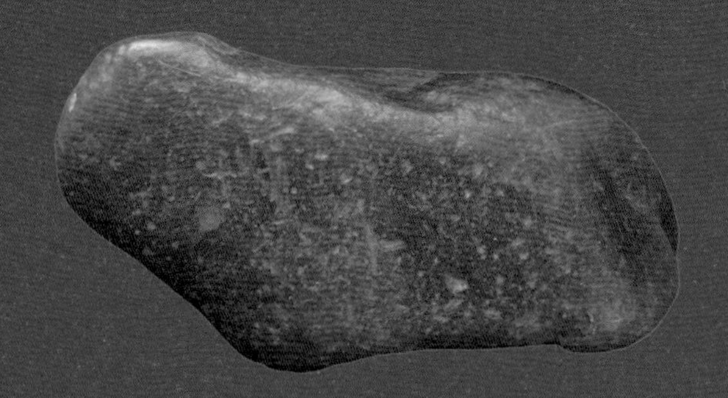

糖粿黄田黄石

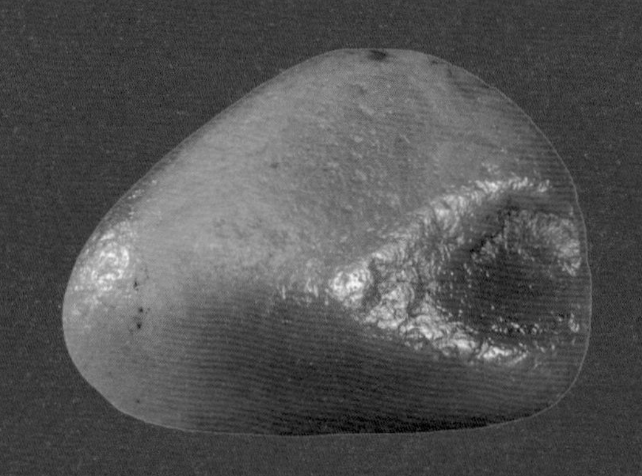

蜜蜡黄田黄冻石

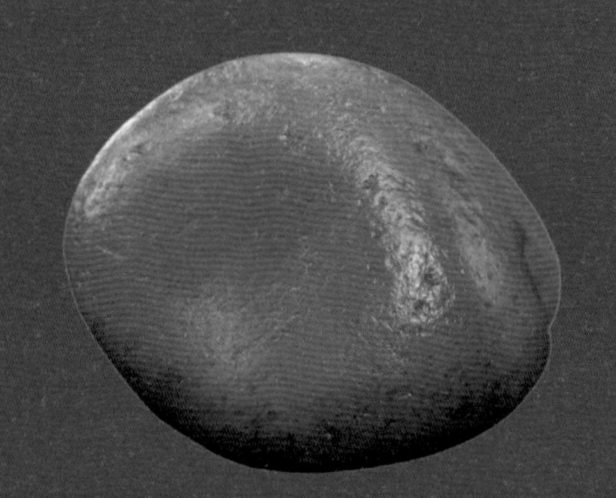

番薯黄田黄石

⑥熟栗黄

黄而微褐如熟栗的，称“熟栗黄”。

⑦糖粿黄

色黯褐而质如鹿目的称“糖粿黄”。

⑧蜜蜡黄

黄色淡如蜂蜡，质地较为滞结些的称“蜜蜡黄”。

⑨番薯黄

色调淡，与本地所产地瓜肉色调类似，称为“番薯黄”。

2.红田

红田石指产于田黄产区内，符合一切田黄石特征，但石肉中色彩带红者。红田有两个种类，一种是天然形成，由于母矿原生色彩带红而在“田化”之后成为红田。另一种则是田黄石在“田化”过程中受外力因素干扰，经火煨影响之后形成。

①天然红田

天然少皮红田原石

天然生成的红田，其丝纹、石皮以及“六德”都与一般田黄一致，符合所有正田特征，只是以刀刻入石肉时，石材主体的色调带成片红色。事实上，天然生成的红田并非总是呈现出完全的红色调，而是红色和黄色交织，有时甚至黄色会更多。红田的色彩多为深红，中坂所出最多，上坂、下坂的出产量都不及中坂。天然的红田石，产量比其他色彩的田石数量少，相当罕见，且体量小，基本无法切章，仅能做小圆雕或挂件，因此其地位也仅次于田黄。材、形双美的天然红田石，也被列为极品的一种。天然红田在光线透照时，所呈现的光彩为橘红色，而非一般的黄色。

②煨红田

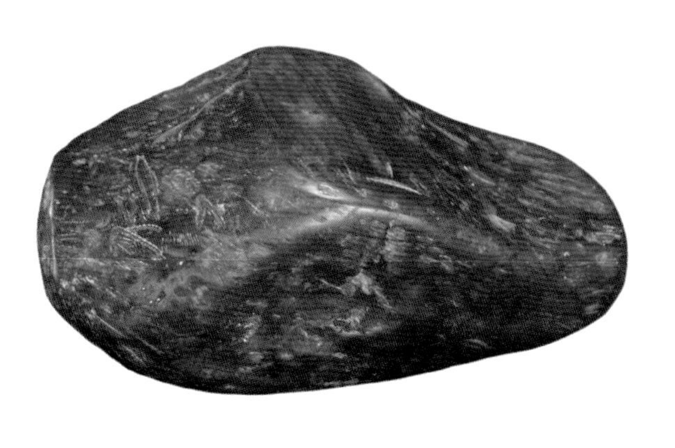

煨红田

煨红田多产于上、中坂田中，外层色红如丹枣，表面常有黑色斑块如黑皮，煨红，灵度逊于橘皮红田，显微透明状，质亦比田黄稍坚硬、干涩，常无明显的萝卜丝纹。相传乃因寿山人垦地烧草木肥土时，小田黄经火熏烧，达到一定温度而变色，故天然的煨红田也属稀品。不过近年来在流通中时常见到有煨红作伪的情况，制造者一般取高山、太极等有萝卜丝纹的石种，以原石煨火，但山坑石较田黄石干燥，经火之后常常产生龟裂，或爆开，能够全品幸存者寥寥无几。

煨红田虽然也自田土中掘采而出，但毕竟经历过火焰灼烧，石材脱水，会更加缺乏脂润、细腻的感觉，比天然红田石要燥，且存放时间长了，开裂的情况不少，这一点和同样情况的寺坪田类似。

3. 白田

白田石是指符合“正田”标准，产区在三坂之内，但主要色彩为白色的田石。白田石品相不一，色彩也有不同。20世纪80年代出版的《印石辨》中对白田石的描述为“温润如玉，色白洁净”“透明度较强而更加通澈，近似水晶冻……其萝卜丝纹有如粮粒而几乎欲化者，有如细网状者，都仅隐约可见而已”。且“产量很少，仅占田石千分之二三，民国初尚可见，其后则不可复见”，此后多数介绍这一品种的图书中均沿用这一说法。

然而在寿山本地的当代采掘过程中，石质晶莹剔透、类水晶冻材质的“白田”并非常态，反而是乳白、正白色的白田石均有发现，上坂出产的白田石，有时切到内部，会有淡淡的黄芯，也称为“银裹金”，但这种情况极少见。最上等的白田呈现如羊脂玉一样的色彩和质面状态，整体温润，色彩柔和而非透明，因此白田也有“羊脂白”之说，呈现出这类品相的白田价值也最高。

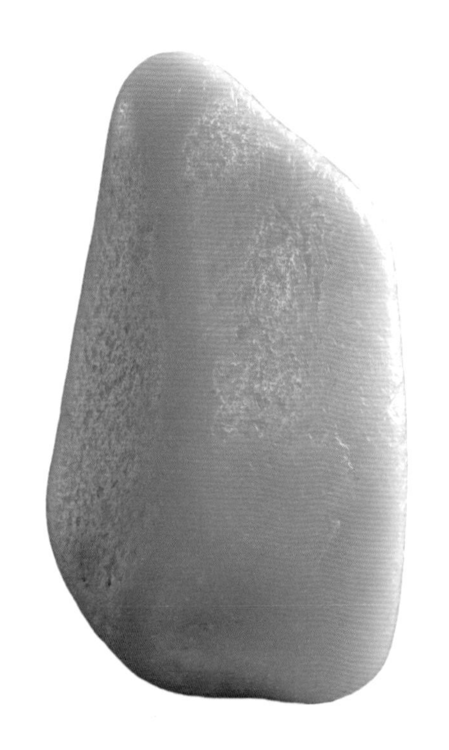

羊脂白田石

4. 黑田

黑田与白田、天然红田类似，也需符合田黄石标准，但石肉色彩为黑色主体者，其多出于下坂，产量较田黄少，常有黄皮。黑田的石肉，如果闷不透光，显得较为沉重、板滞，则被认为品级较为普通。上品黑田，其色调并非全黑，而是接近坑头牛角冻的色质，有半透明感，俗称“通灵”，倘具此特征且黑中微透黄意，萝卜丝纹又清晰可见，则价值更高于同类。判断黑田的标准是其石皮内主要石肉的色彩，而非石皮色彩，故“乌鸦皮”田（指石皮为黑色但石肉并非黑色的田黄石）并不属于黑田类。

中坂带皮黑田原石

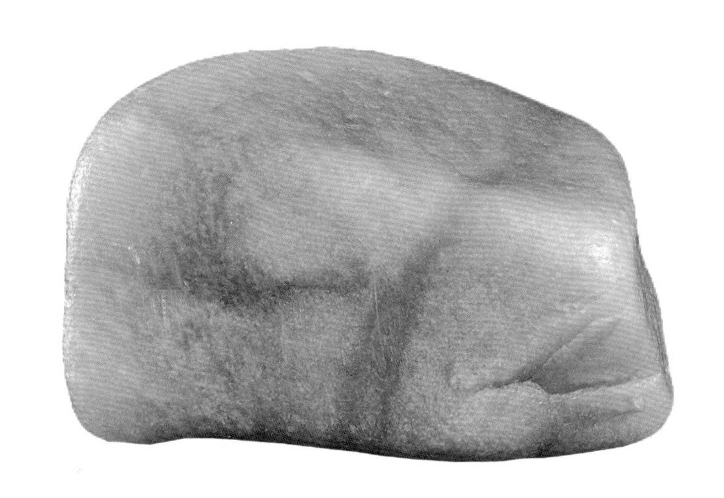

灰田原石

5.灰田

1939年，陈子奋《寿山印石小志》，提出田黄石色分“红、白、黄、黑”四种，其时并无“灰田”之说，可见“灰田”是随着开采量提升后出现的一种白田色彩细分后亚种。林文举就曾提出灰田是介于白田与黑田之间的一种中间色，而非独立色彩。在此之前，无论是方宗珪《寿山石志》或石巢《印石辨》中，均未出现“灰田”的概念。2005年，由福州市地方志编纂委员会汇编的《福州寿山石志》也未见提及。“灰田”概念的细分，首见于2003年出版的《寿山石大典》以及2005年林文举编写《石中之王——田黄》时已经出现，但真正得到广泛的认可和普及是在2010年以后，其原因是“田黄热”的兴起，过去不受关注的“灰田”如今也都成了大家争相收藏的对象，以至灰田这一概念确立。实际上，这也展现了田黄定义的不断细分的发展过程。

（二）以石皮情况划分

石皮是田黄石外层的次生皮，其上的色彩也属于次生色，即外部环境影响下，后天产生的附着色。石皮上的次生色主要是黄、白、黑等，有时则色彩斑驳，如黄黑、黄白、黑白等，以黄色为多，且无论任何一种，多少都会有一些黄色的基底在内，这是由埋藏环境不同而决定的。石皮的色彩由外向内逐渐变淡，有些则界色分明，集中于外层的某一厚度范围内。作为风化、吸附的结果，具体的环境决定对具体的个案色彩有着决定性的影响，也因此，不同的出产区域，会出现较多具有同一色彩石皮的田黄石。

以石皮进行分类的方式，是优先以石皮特征为判断基础，这种分类有两种：其一以色彩为基础命名，如“白皮”、“乌鸦皮”（黑色皮）、“蛤蟆皮”（灰色斑驳皮）等即是以色彩划分。其二则以石皮层次数量为基础命名，而“双层皮”（内外两层次生石皮）田黄，即是以石皮的覆盖层次数目命名。但是，单凭石皮的色彩并不能反过来逆向推导出其出产区域，这是由于每个产区都有特例，也有色彩之外的特征。对其判断，是需要综合考虑，而不能“一刀切”来定论。

1. 白皮（银裹金）田黄石

田黄石表层裹以白色石皮者称为银裹金田黄石，并非白田石，而是田黄石外表如云雾般覆罩着一层或厚或薄、时有时无的白色石皮，与田黄石均匀裹着一层黄石皮有别，其皮细嫩纯洁，肌理纯黄色，萝卜丝纹清晰，美净脂润，佳者似新鲜蛋黄裹以极薄蛋白。有这类石皮者多产于铁头岭及上、中坂一带田中。银裹金有厚皮、薄皮两种，前者一般产于上坂，后者则多见于中坂，但一概都因白外黄内以“银裹金”称之。

银裹金这一说法并非特指，而是泛指白外黄内的情况，因此也可以见到其他寿山石如旗降等外白内黄时，被称为“银裹金旗降”等。从科学角度上来说，任磊夫在20世纪80年代就曾提出过，银裹金的白色石皮部分是纯净的地开石。

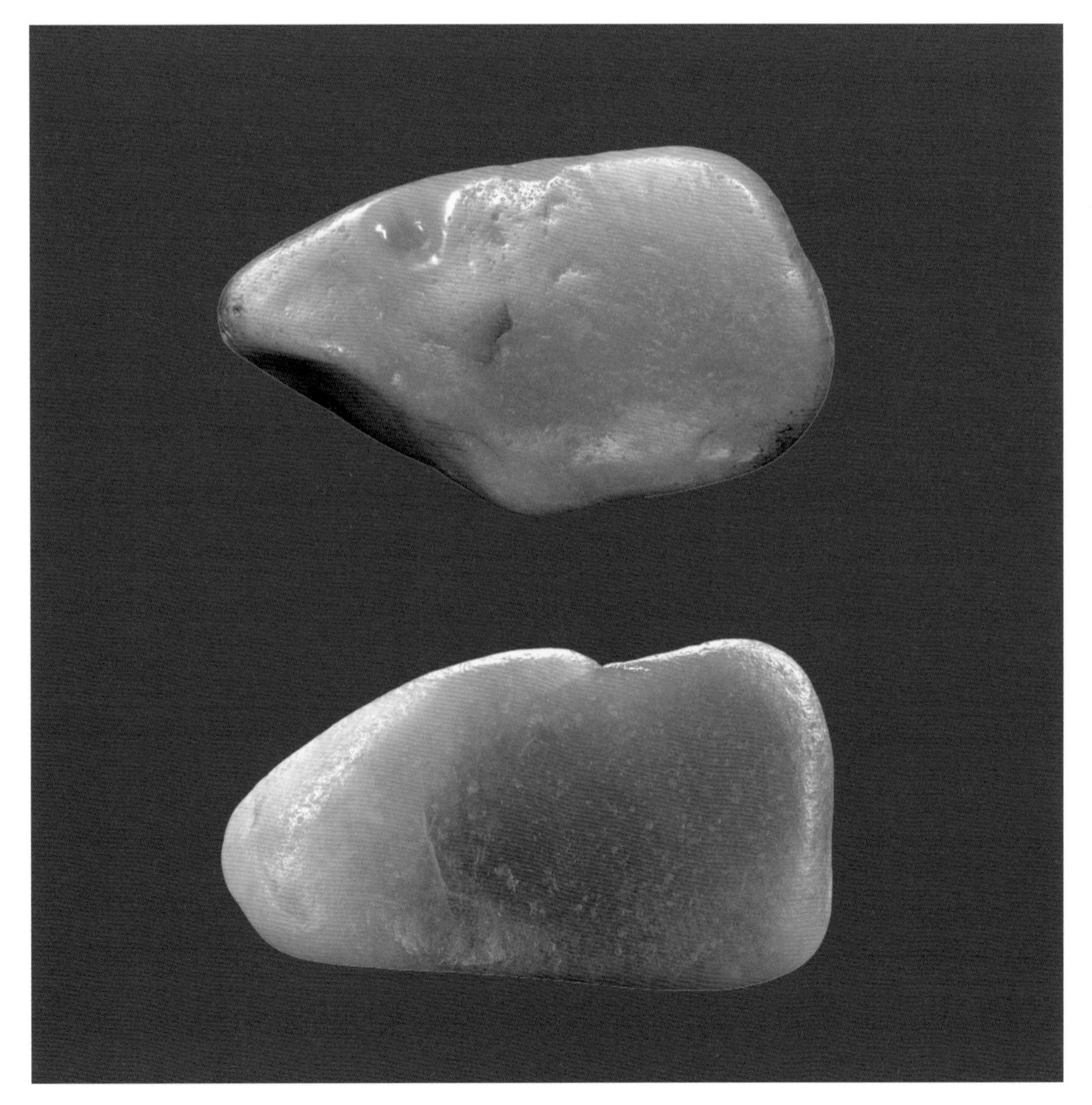

中坂厚皮银裹金田黄原石

银裹金田黄冻石

2.黑皮（乌鸦皮）田黄石

黑色皮为田石石皮中较为稀少的特征之一，也被称为“乌鸦皮”，田黄石之外的其他掘性石中较为少见，所谓乌鸦皮田，指包裹黑色石皮者，黑色石皮与白色石皮不同，不会对石肉产生渗透，也不改变被包裹的田黄本身的色彩、质地。乌鸦皮的黑色与石肉色彩无关，皮内色质、纹理和寻常的田黄石无异。

乌鸦皮的石皮常呈现点状或连接成片的点状，非坑头溪流域的掘性石，除掘性金狮峰之外，较少带有乌鸦皮的情况。因此从辨识角度来说，乌鸦皮田黄石比黄皮、白皮田黄石都更容易判断。乌鸦皮田黄石多产于寿山溪水流转弯处的淤泥中，其黑色石皮并不是都能包裹住石体的，常常仅包裹部分。乌鸦皮虽然色彩深沉，但若皮质细腻且无杂色，则品质极佳，是难得一见的宝石。乌鸦皮与“火煨”之后变色的区别在于乌鸦皮滋润、细腻，而火煨变色的乌皮干涩。

乌鸦皮田黄冻原石

蛤蟆皮田黄原石

3. 多色皮（拼色）田黄石

如前文所提到，由于田黄石是具备一定迁移属性的，因此其石皮的构成环境实际上也常常会发生变化。这种情况下，就出现多种不同色彩的次生皮，一般被称为“多色皮”，其中黄黑相杂的石皮，就被称为“蛤蟆皮田黄石”，其主要表达石皮的色彩有完全不同色调、深浅的斑驳纹理。多色皮田黄中，有双色皮、黑白双色皮甚至三色皮等，因此也有人称之为“拼色皮”，意为一层皮上有多种色彩。由于不同的石皮和环境关系较大，因此，经验丰富者甚至可以通过石皮色彩深浅、分辨判断出最终这一田黄石出于何处。

4. 多层皮田黄石

多层皮田黄石有双层皮，或三层皮两种类型，前者所指为田黄石出现内外两层石皮，后者则是由外至里有三层不同色彩的石皮，三层皮田黄石是相当少见的情况。这一般意味着原石有较为复杂的迁移过程。一般单层石皮的田灯下透照，石肉质地十分易于鉴别，但如一层皮下还有其他一层、二层不同色彩的黄皮或白皮，则以灯照就很难看清肉质。

双层皮田黄石

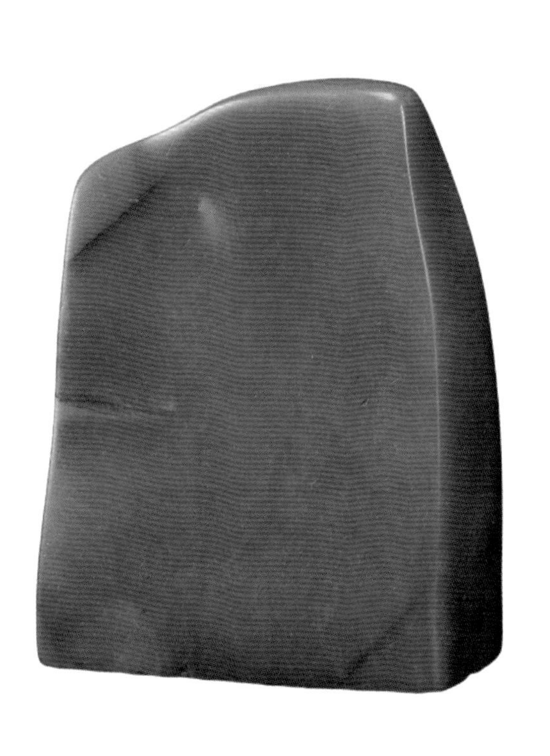

田黄冻石素章　135克

（三）以质地划分

色彩、石皮之外的第三种分类方式是质地。一般来说，按田黄石的质地划分，仅有三大类别。即是“正田”“冻地”以及“硬田”。

1. 正田

所谓“正田”，说的是具备“六德”的田黄石，指田黄石应当具备的细、温、润、洁、腻、凝六大特征，一旦具备，色彩上又是浓艳沉稳的黄色，则被认为“正宗而无异议”，故名“正田”。能够称为“正田”者，一种是冻地田黄，一种是糯地田黄。其中顾名思义，冻地田黄就是质地如果冻一般，视之可明确感受到胶质感，透明度稍高。

糯地田黄一般埋藏时间特别悠久，石性已脱，在折射光方面，糯地田黄石的反射光柔和似珍珠，绝不锐利或沉闷，其质感像糯米粉蒸出年糕后一样稠厚凝灵，酷似蜡石，但入手却能感觉到比蜡石更为坚结，柔而不软，掂重时可以感到密度也更大，散发着更为浑厚、内敛的成熟之美，因此石农常称为“熟田”，在出产的田黄中，可以称之为“正田”的田黄石比例并不大，一般不超过三成。基础色不是黄色的田黄石，一般认为品级低于“正田”。

无论是冻地田黄还是糯地田黄，其最重要的特征就是丝的覆盖度。“丝”是田黄石身份的第一特征，正常而言，一块天然田黄石，丝纹无论清晰与否，都至少需要包覆整体原石的80%，且这些丝纹必须有规律性，不能显得粗壮或走向混乱，否则都有赝品伪作之虞。

2. 田黄冻

即一般说的“冻地”，是“正田”中最为极品的一种，除了因为质感上有仙灵之气，还由于数量极少，即于“正田”里也是罕见的。与其他材质的石材不同，田黄石有“冻”而无“晶”。科学家认为田黄冻是纯珍珠陶岩成分，而糯地田黄则是含有地开石和珍珠石，故而形象不同。冻地田黄和糯地田黄都是田黄群体中尖端的象征，因此两种之间没有高下之分，玩者根据自己的喜好，各有所爱，都被称为“开门田”，但冻地田黄石一般体量较小，从村中近几十年来的开采情况看，重量达500克以上的田黄冻石实为凤毛麟角，即便是几代掘田的寿山人也不易寻到这样的宝物。

3. 坑头田

所谓坑头田，其多产于上坂前端，母矿是自坑头占而下随水迁移的坑头石。由于已经“田化”影响，有些坑头田甚至都带有田黄式的黄色石皮。然而，“田化”的过程是渐进而漫长的，“田化”时间尚未足够，外界的元素附着、渗透还在进行中，就会导致质感尚存坑头石的特征，透明度更高，色彩也显得较轻，未能呈现出极为成熟、厚重的质感和色彩，就会被称作“坑头田”，意为其具备坑头石和田黄石的两种特征。坑头田一般在寿山溪中出产，但“田化”时间短，而尚未如溪田一般呈现卵石形，而是棱角分明。

坑头田早期由于“四坂论”的严格标准，经常不被认为是田黄。21世纪后，随着科学研究对于田黄成因的揭秘，产区的范围扩大，上品坑头田在日常市场流通中已经被作为田黄对待。不过对待坑头田的标准还是十分严格，如无丝、无皮的情况下，依然不能算作田黄石。

清　坑头田　凤钮呈祥章

4. 硬田与偏田

硬田指母矿本身质地欠佳，不够细腻，质地更为粗粝、色彩更为板滞，“石性”重而“灵性”少，或杂质多的田黄石，其依然是出产于田黄产区，且有田黄石的萝卜丝纹特征。硬田的硬字，意为石体粗杂，和硬度没有关系，其硬度和一般田黄没有分别。硬田的判断，与其是否能够被光线透照无关，只要缺乏凝灵感或杂质多且明显，在寿山本地都会被归为硬田。

而偏田的概念，则更接近于掘性石具备田黄石的个别特征，但又不能完全满足“六德”者，尤其是没有萝卜丝纹的类田黄石，虽然在产区内发现，但有“擦边球”之嫌，所以叫偏田，有“偏而不正”之意。

硬田与偏田之间，只有前者被认为虽属下品，但依然算“田黄”，而后者则不被承认属于田黄石的一种，两者的概念不能通用。硬田多属“田化”阶段完成，但母矿质色不佳的结果，而偏田则更趋于未完全“田化”，或母矿不符合标准的情况。

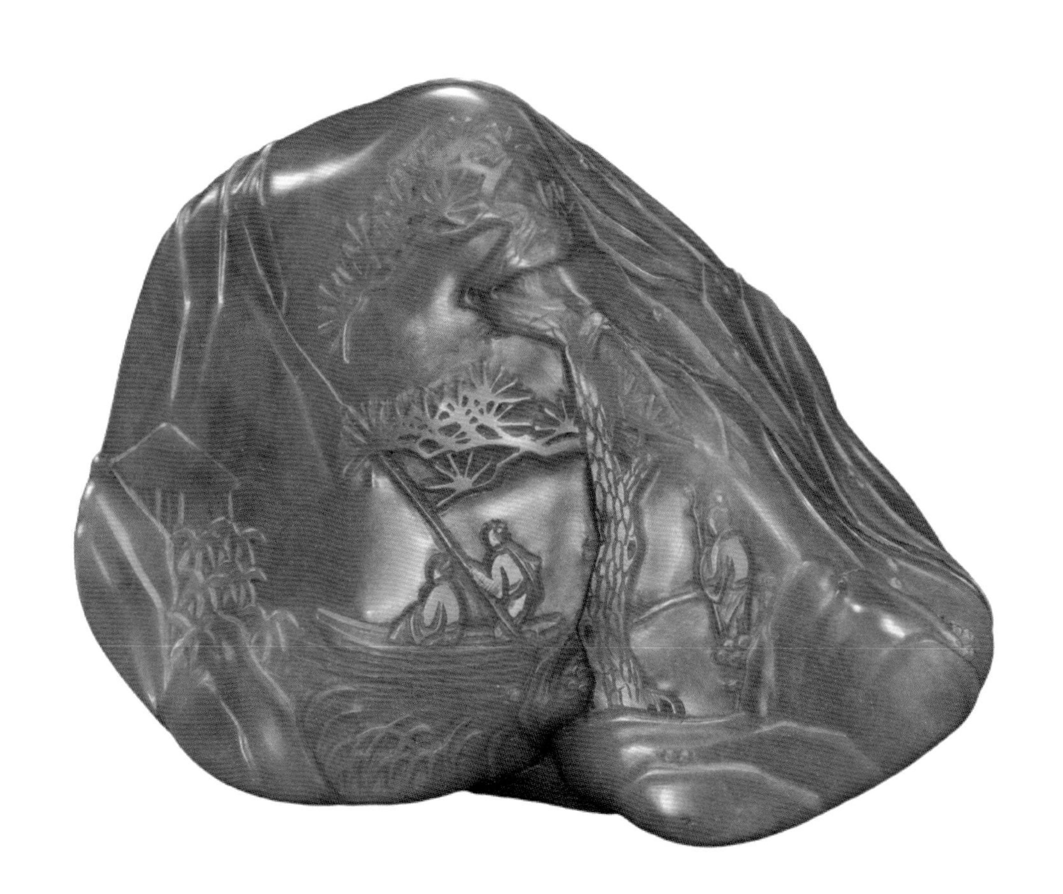

硬田

（四）以产地划分

田黄石产于寿山乡内外洋的溪田中。上有坑头洞，洞旁有溪，长约数里，即寿山溪。通常以溪水所灌溉的水田范围，作为出产田石的界限。其品种根据产地不同，分上坂、中坂、下坂、碓下坂及搁溜田等，其中中坂所产田石尤佳。

1.上坂田

上坂出产的田黄石色泽多偏淡，质地却特别通灵娇嫩，细腻而晶透。由于上坂近山，远离水道，因此所出的田黄石不受水流冲刷，保存了较为原始的剥落状，一般形象多方正，或带棱角。所产的田黄石有两种不同的品级。一种是常规的田黄石，另一种则是出产于近山处田土内的田黄石。后者被称为“山边田”，虽然也有田黄石的各种特征，但有时会带有红色的斑点。这种田黄石，被认为逊色于一般远离山脚的田土内采掘出的田黄石。

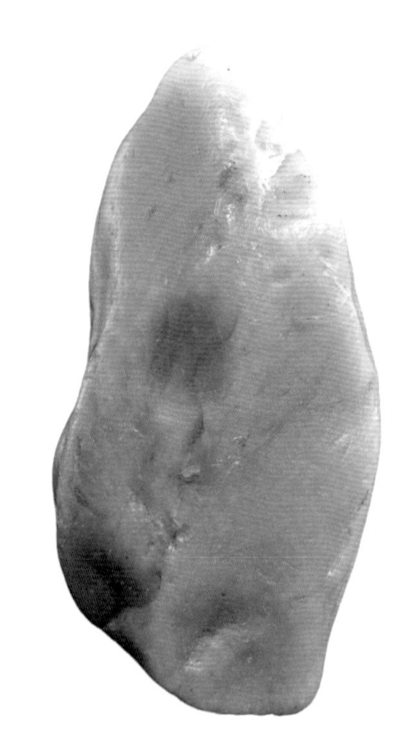

厚皮银裹金田黄石

上坂田黄石有时会出现白色的石皮包裹，且石皮较厚，被称为“银裹金”田黄石。中坂亦有这种田黄出现，但石皮较上坂所出，就薄得多了。且中坂出产“银裹金”的数量，远比上坂来得少。至于下坂区域，则几乎看不到“银裹金”出现。除此之外，上坂还出产多数白田，中坂亦出白田，但不及上坂为多。

2.中坂田

中坂所出的田黄色泽中正，质地纯净，显得雍容华贵，常被引以为田黄石的标准。这一区域储田量相当丰富，20世纪90年代，位于中坂的田土内产田数目较多，有时每天都能挖到一整桶的田黄石，即便土壤翻过三四次，还能找到一些个头较小的田黄。中坂由于不邻山，所以也就没有上坂所出的“山边田”，凡有“山边田”特征者，都非中坂田。

中坂产橘皮田黄冻原石

铁沙格溪田黄原石

下板溪田黄原石　80克

3. 下坂田

下坂所产的田黄石，质稍坚结，色多偏黝而黄褐，但亦通透，唯其中常伴细小黑砂，这种小黑砂被寿山人称为“铁格”，为铁头岭一带含铁砂较多的砂土中所出，是仅下坂田才有的特征，上坂、中坂所出田黄石，均无铁格出现。下坂所出的田黄石多是溪田，因此圆润而少棱角，其普遍质地比上两坂田石更为凝结，色泽也更沉稳。下坂田也常出灰黑田，这是上坂、中坂所没有的情况。这里有另一条小支流，来自旗山，但却不出田黄，只出“牛蛋黄”。下坂中的碓下，旧称碓下坂。

下坂范围内，过去将碓下和九友算作别处，因此有碓下田和九友田之说。如今，这两处也被归属在下坂范畴之内。这两处接近碓下黄、善伯、月尾矿脉，但母矿并不因此有所变化。碓下田的质地灵透，呈褐黄色，但比之三坂正田稍微干燥，表面常有小白点，石皮稀薄。九友田是在20世纪初扩张产区后发现的田石，产地位于碓下坂到善伯山脚一带的溪流周围，多数从深层砂土中开采而得。九友田产自善伯山脚的深层砂石之中，外观多呈灰淡色，有些发白，质地略绵，出产不多。

再往寿山溪下游去的回龙、双溪带出产的田石被称为“回龙田”，但这个区域本身没有矿源，其中的田石是因上游田石沿溪流冲刷而下，沉积于浅表土壤之中。由于来自上坂、中坂，其中所出的田黄石也被算作下坂产区所出，没有单独划分出独立的类别。其中一些质量也相当不错，但大多色彩较深，石肉、石皮多有一层灰气，呈现出类似灰田的特征。由于是迁移而至，这些田黄石上就常见小白点，大部分石皮稀薄，甚至没有石皮，并且温润度也稍逊。

不过，对于收藏者而言，日常交易中过度追求对碓下、九友、回龙的辨别意义不大，因为这些因素都对田黄石的价值没有太大影响，无论是出自产区的哪个具体坐标，决定田黄石价值的石种都是质地、色彩、石形、大小和萝卜丝纹的形态。

4. 寺坪

寺坪之名，源于寿山古来相传的一座寺庙——寿山广应院。该庙宇创建于唐光启三年（887）。有传说院中的寺僧见到精美的石材，就自行雕刻，赠予来敬香的善信檀越；也有另一种传说，认为当时的寺僧因为钟爱美石，故雇工采集寿山各类石种，在寺庙使用石制的器具，直到明洪武年间，广应院遭火灾焚毁。明朝万历年间寺庙又在原址重建，而崇祯年再度毁废。僧侣所蓄存的各类石料，经过猛火焚灼，全部随寺掩埋。直到300多年后，寺址相继开垦成为农田之后，这批遗石才被寿山人发掘。而火淬之后，又于土中掩埋多年，这些石材均似老石，殊无火气。其中有一些出土后明显带有田黄的特征，都认为是“古田”，也被称为“寺坪田”。寺坪田不是天然田黄石，而是历史上因人为因素迁移后遗留在这一区域的结果，它不同于“三坂”坂段中出产的天然迁移的田黄石。

寺坪田

寺坪出土的古代田黄石器皿残件

二、对田黄品级产生影响的特征因素

多数对田黄石有所闻而无深入了解者，会将田黄石的品级高低与其体量、重量直接联系起来，这其实属于一种标签化的印象。有些初涉此道者，由此就往往认为田黄石应与黄金这类贵金属一样，有统一的克价，可以简单地推导出具体田黄的价值。

实际上，田黄石的价值组成是多面的，因而在日常流通的判断中，既有1克千元者，也有1克以数万元甚至数十万元成交者，这是因为田黄石中，并非是单纯使用克数衡量价值，而是以不同维度的标准共同衡量，就如同当代人喜欢对运动员以六维雷达图衡量实力，单一方面拔群，但其他方面弱势者，其实力就被认为低于面面俱到的全能者。

田黄本身材质的品级判断标准，其细致程度更甚于六维，可从八大标准进行判断：地（质地）、色（色彩）、形（形状）、皮（石皮）、丝（萝卜丝纹）、格（红、黄筋格）、纯净度、重（克数）。

此外，还有其他标准，即“工”“篆”“收藏者”，这些标准往往能够对田黄石的价值提升，起到举足轻重的作用。

由于交易与流通之间的估价，长期存在买卖双方认知上的偏差和信息障碍，因此往往有天渊之别。正是这样的情况，让田黄石成为流通中有更多价值提升机遇的宝玉石品种。

（一）丝

田黄石的萝卜丝纹形态多样，关于其形成原因的说法随时代推移而不断变化。20世纪80年代，任磊夫的研究认为萝卜丝纹是一种超显微原始胶态结构。而10年后，高天钧等人则提出不同意见，认为是地下水含不同杂质作用形成的黏土矿物充填其中所致。到21世纪初期，刘云贵等人对于田黄萝卜丝纹成因的专门研究，终于揭开了谜底。其提出“萝卜丝纹矿物组成为硫磷铝锶石”，并表示萝卜丝纹的矿物成分，始于寿山矿脉生成时期的热液之中，它的形成温度，比田黄石母矿的石肉更高，时间上也更早。因此，田黄石中的萝卜丝纹，实际上是一种原生特征。现有的萝卜丝纹主要分为纹理状、粳粒状、网状、疏网状、水流纹状等。萝卜丝纹的有无，是鉴定田黄石的重要标准，而其呈现的形态也是衡量品级高低的标准。

清　寿山橘红田黄石
兽钮摆件　78克

田黄石的丝纹常见以下六种情况：

1.形如萝卜皮层的纹理，呈现网状结构，从密集逐渐变得疏松，这种石质常常具有高度凝练的特点。它是在形成叶蜡石时质变较彻底，并形成块状，质量相对较纯。

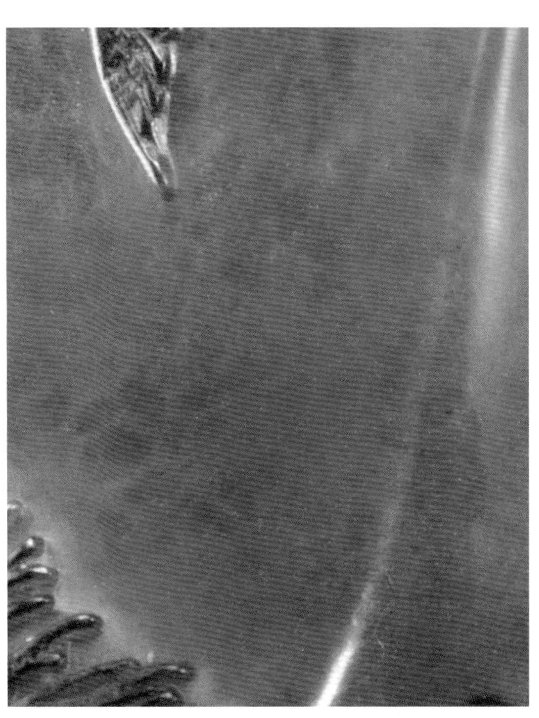

2.有着粳粒状的外观，就像人们用糯米和碱蒸熟后未完全化开的糯米粒。这种萝卜丝纹有时会散布成条纹状。

3. 呈现网状结构，就像网眼一样，与第一种形状相比更加圆润、离散。

4. 类似于萝卜内部的纹路，也有冬瓜内部络的样子，呈现不规则的大网眼状，或明显，或隐约，或粗糙，或细腻，看起来像从石头外面渗透进来。

5. 呈现水流的纹路。其中第二种萝卜丝纹与产自掘性高山（尤其是1913年产）的萝卜丝纹完全相同，只是质地不同而已。

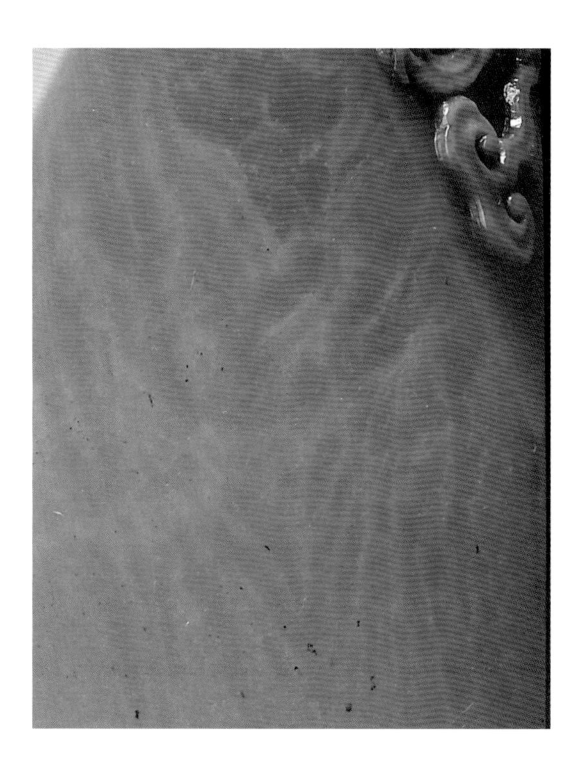

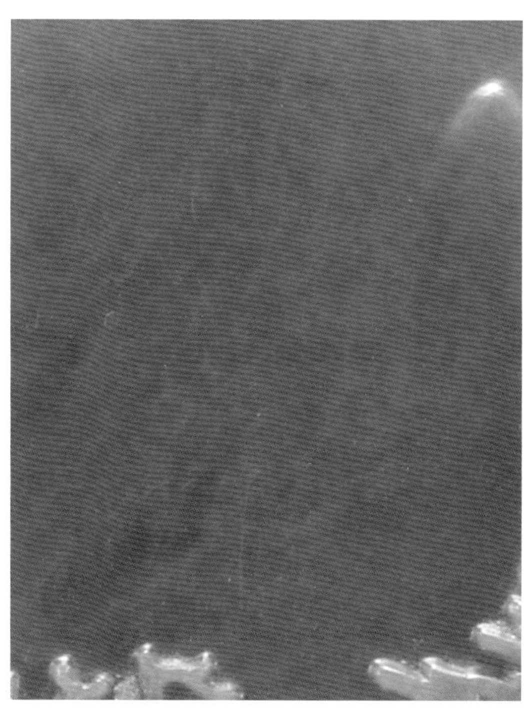

6. 基本上看不见萝卜丝纹，只有少数稀疏的网状纹路。这种田石极为罕见，一般是田黄冻石中丝纹的特点之一，鉴定时需要谨慎。

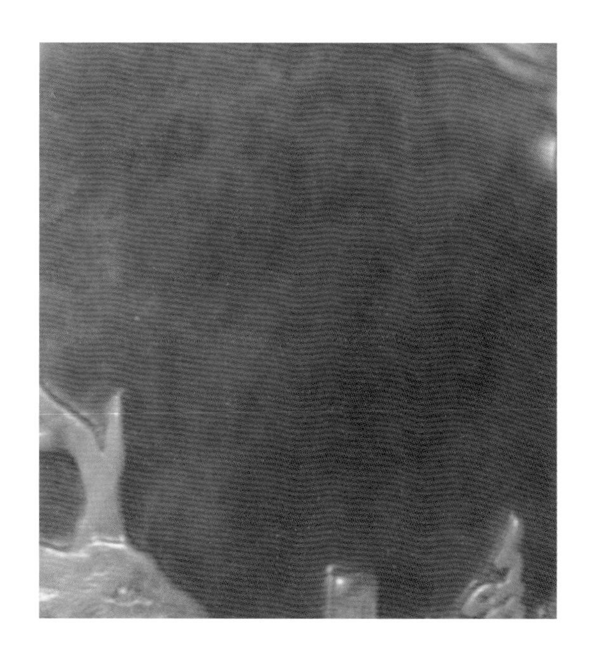

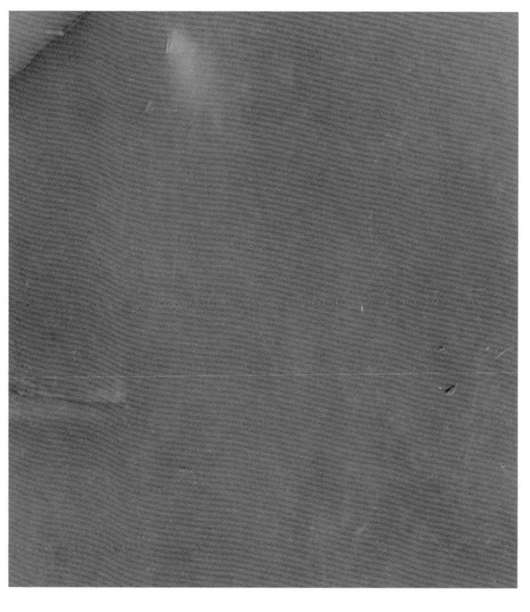

（二）皮

寿山田黄石中，以石皮细腻润泽为美，皮薄者又被认为优于皮厚者。在明清时期，由于田黄石尚未形成独立的鉴赏文化，仅被视为一种美石，仿冒者亦不多，因此当时的田黄石多被剥去石皮。随着田黄石的声名鹊起，身价走高，赝品、伪作也层出不穷。在这一过程中，石皮由于其天然而难以仿造的形态，成为辨别真伪的一大标准。除此之外，由于石皮是原石母矿的风化层，其质地和母矿质地往往一脉相承，因此，石皮的状态往往可以作为预判田黄石价值的辅助条件。久而久之，亦延伸、发展出了对于石皮的审美——以皮质细腻，色彩鲜明，石皮包裹全石者为佳，而审视这些标准，基本上可以看出，其为田黄石材质判断标准的一种延伸。

进入晚清至民国时期，田黄石以两论价，有“一两田黄三两金”之称，石皮重量也被纳入这一考量范围，因而又发展出寿山石雕刻中特有的“留皮雕刻”手法，雕刻构思巧妙的情况下，可以得到极佳的艺术效果，更能使田黄石的价值倍增。因此，石皮中白、黄、黑色彩饱和、清晰，皮与石之间界色明显者，被认为是“皮好”，这种“好”包含了两个意思：一者为质地清爽无杂，一者则为石皮、石肉色彩对比明显，利于创作。

从科学的角度来看，曾有学者鉴定认为银裹金石皮与石肉的黄白之间，成分有所不同，白色的石皮成分为地开石，而黄色部分的石肉则由珍珠陶岩组成。

寿山溪采卵形橘红田黄冻原石
29克

（三）形

由于田黄石是自寿山主脉中剥落，搬运至寿山溪中的砾石，砾石的形状主要取决于原始碎屑形状。因此于田土中出产的田黄石，多半是有棱有角。而溪中所产，则边形浑圆无角，如卵石一般。由于田黄石的手感亲人，且以溪田为贵，因此厚实、饱满而天然无棱角者，被认为形制胜于有断裂面留存、形状参差不规则或有凹陷情况的田黄石，因此我们在日常流通中就会发现，一些克数、质地接近的田黄石，形似卵而线条圆润者的价值被估算得更高。

（四）地

寿山石概念中的“地”，所指的是质地。质地的细润与否，是田黄质量评价最重要因素之一，也是决定田黄价值的重要因素。质地细腻，手感油润的田黄，被认为质地更好。根据田黄质地的差异，将其划分级别，质地级别由高到低依次表示为极细、细、中、粗。

（五）色

田黄石中，色彩明快、饱和度高者为上，黄而向红者价值更高，这即是“橘皮黄（红）”“黄金黄”价值高于其他“桂花黄”“熟栗黄”的原因。倘若石体本身色彩含混、斑驳，或明度低而显暗沉者，价值就远不如前者。以色彩作为判断准绳的情况下，过度区别色阶反容易产生认知混乱，倒不如以简单的标准衡量，可以牢记这样的判断方式：色浓的价值胜于色浅的，黄色、红色者价值胜于白色、黑色，色彩明快者价值胜于色彩板滞不活者。

田黄鉴别中，由于石皮的包裹，因此石肉的色彩有时候难以判断。这时就需要以强光手电筒透照石体，如果呈白色，则可能“田化”过程尚未完成，黄色渗透不够，那么田黄的内心切入可能发白。若透照呈黄光，则可能表里如一。而透照后，透出的色彩为红色则是最上品的特征。

（六）格

由于田黄石从母矿时期起，就经历风化、剥落，此后不断地滚落、运移，即便埋入土中，也会遇到地壳运动等情况，在漫长的过程里，难免遇到磕碰。这些磕碰造成的裂隙，于埋藏时期逐渐被铁离子渗透、胶合，就会形成如同血丝一样的红色脉络，被称为色格，或者红格、红筋。白田石上，还会留存一些黄色格，但不如红筋普遍。

由于田黄石在自然界中形成的独特宝玉石，磕碰难免，因此色格出现的频率也颇高。因此过往有“无格不成田”之说，但这并不代表格是田黄石必备的条件，仅是说明色格在田黄石这一品种中的普遍性，是一种常见的特征。红筋、红格由于已经经过数万年的填充、融合，已非真正的裂隙，故存在并不会改变田黄本身的稳定性。

倘若一件真正的田黄石，其质地纯净无格，则是高品质的特征，因为这其实可能是被切掉筋格之后的产物，实际上并不会因无格而被排除于田黄石的群体之外。而具备“六德”，同时无红筋者，有时反而会创造令人惊讶的高价成交。因此，传统的田黄雕刻中，则一般也有以工艺上塑形、装饰手法来掩饰其存在的所谓“化格”之法。

民国　田黄石云纹方章
台北故宫博物院　藏

三、田黄品级与价值判断

很多人误以为田黄的品级完全取决于其重量，实际不然。田黄的高下之分，在于其田黄特征是否足够明确，是否“开门”，能够一目了然其真伪，越“开门”，价值越高，反而特征越含糊不清，价值就则越低。21世纪初，寿山村曾采掘出一块200克左右的田黄石，这块田黄石是由彼时村中一位有挖掘田黄石20多年经验的寿山人珍藏。这是不少挖田黄的寿山人的习惯，即挖出的田黄石不会立刻卖出，而是对比各方面的条件，先把品相相对普通的陆续出售，最后找寻到一个了解田黄石价值，又信得过的买主将“大开门”的正田出手。

这件田黄石在原石时期，全石都被细腻的石皮包裹，用强光透照，其中的光晕泛红。并且石材的边缘是不规律的弧形，天然造型利于施加工艺，且不必耗材太多。按照寿山本地人的经验，这已是极品田黄石的特征了。但对于有流通需求的田黄石来说，这块田黄石仅仅满足了“皮”的需求，其丝、格、色、地都不能清晰地展现出来。从流通性上看，它实际尚未达标。大部分的收藏者不是熟悉田黄原石的寿山本地人，展现明确的“田黄石”特征，使人们“开门见山”是最重要的。因而这块原石后来被托付给工艺美术大师郑世斌雕刻，等待了近4年，完成薄意代表作《溪山秀色》。

经过“留皮”雕刻之后，部分的石皮被去除，不但保留了部分细腻的石皮，也露出了纯净、凝结的石肉，“六德兼备”的质感，清晰飘逸的萝卜丝纹，与工艺相得益彰的石形以及浓厚的色彩，都让这件田黄石成了“教科书”级别的“样板件”，其价值也随之得到了极大的提升，这种提升的源头，在于恰到好处的工艺将其本身原有的，被石皮掩盖的田黄特征进行了释放。特征明确了，判断门槛降低，流通性自然上升，经济价值立刻几何级增长。为了寻求这种高水平的工艺，即便需要等待，也是完全可以接受的。反之不当的、水平低俗工艺不但可能会增加材耗，也可能导致重要特征毁坏、石形被破损，导致降低价值。

这一例子也意味着一块田黄石的价值高低，实际上最重要的就是说明田黄石身份的特征是否能够明确地被展现出来，而不能单凭个人情感或经验决断。

此外，在过去，人们谈到田黄多只讲“六德”，而我们详究其中的意义，会发现“六德”中的每一项，无不指向种种对质地和质感的经验总结，是对“地”的细化、延伸。但是，在现实的田黄交易里，质地虽然是最重要的一环，却很难覆盖其他情况下更加细微的价值评估需求。倘若质地相似、重量接近的情况下，什么样的田黄价值更高呢？如果当前的预算暂时仅能满足购入一件时，应怎样作出取舍能够获得更大的潜在价值？此时大家就发现，有些问题是“六德”这样纯粹藏玩概念所无法解决的。众所周知，当代的田黄石收藏，一定程度上也带有一种投资和承担保值功能的性质，故而以上的问题又是大家不得不面对的。

这时，便需要使用“五品”的概念，来对“六德”进行补充。所谓“五品”即皮、色、形、丝、工，它是保证“六德”之外，进一步确定价值、品级的标准。

关于“皮”和“色”“丝”的级别评判方法，前文已有详细的说明，即细腻匀净的石皮好过粗粝暗浊的石皮，浓重的色彩高于清淡的色彩，幼细规律的丝纹胜于粗疏混乱的丝纹。故本节重点解释“形”与“工”在品级判别中所起到的作用。

以往有关田黄石的价值判断，少有谈到“形”的部分，因为大部分的田黄石在流通到市场中时已是施加了工艺的成品，多数收藏者不必面对“形”带来的困惑。但如果面对一件田黄原石时，“形”就显得至关重要。一般而言，有不规则轮廓的卵形田黄石，其潜在价值高于接近正圆形的田黄石。其中有两层相当现实的考虑：其一，不规则的卵形田黄石不易造假，因为外力加工自然生成的不规则卵形容易出现较为生硬的情况，而正圆则容易得多；其二，不规则的卵形田黄石在施加工艺时容易造型，从艺术创作的角度来讲，上不规则的形态更容易构图，产生效果。雕刻之后可以在最小材耗的基础上带来最大的美感，价值提升的潜力更高。

另一种则是形态板正的田黄石，虽然棱角已经被磨圆，但天然呈现矩形或厚椭圆状，利于切章。20世纪80年代初，寿山村曾挖掘出一件边角圆润，但形状极为接近印章的田黄石。从经验上看，这件200多克的原石，至少能够切出一件200克的印章。这件田黄石从挖掘出来后，经历了三任持有者，都是寿山村本地专门采田的人家，且持有的年限都在10年以上。40多年里每次易主，这块田黄原石的价值都有跃进式的提升。这种提升除了因为原石出身明确，地佳、皮好，还因为其“形”。对想拥有田黄印章的人而言，即便保留它的原形，也已

溪山秀色　186克

原石随形章

经非常接近印章的标准，若是决定豪掷千金地切割作章，也能在材耗最小的情况下获得最大的价值。

由此我们可以得知，一块田黄石在质地、品相和重量相若的情况下，低材耗、高转化率的“形”，能够直接影响持有者后续收益，是一种提升价值潜力的标志。如果两件田黄原石的重量相当，质地不分伯仲的情况下，顺位比较的就是“形”，其代表了后续升值的潜能。

最后要谈的是“工”带来的价值。正如大家所熟知的，名家的雕刻是材质、大小之外对于寿山石作品的另一重赋值。“工”的重要性在于，它能够通过施艺者精湛的技艺和高级的审美眼光，打破田黄石作为宝玉石的限制，将其拔擢到艺术品的境界。古往今来，宝玉石可贵，但品种却繁多，唯有成为艺术的载体，其价值才能具有穿透力，打破地域、时间的桎梏，为更多收藏人群所认可、接受。

换句话说，好的“工”能够让愿意竞价的人群变大，从“存量藏家”走向“增量藏家”。2011年，在嘉德拍出的郭懋介（石卿）所作的一件340克田黄石《赤壁夜游》薄意摆件，这件田黄石是何时挖出、何时被送去雕刻的，连寿山本地人都不甚了解，但看质地、皮色和形态，无疑是早年田黄溪中所出的老溪田。最为关键的是，为这件田黄石施加工艺的国家工艺美术大师郭懋介，在雕刻时显然正值创作巅峰期，因而该件作品是他创作中少有的“满工”件，其创作成果几乎是其雕刻生涯中薄意最巅峰的水平，整体显得富贵雍容，巧夺天工。

这件横空出世的“生货”令福州本地石商全都震撼不已。其工艺的巧妙、质地的优渥、体量的庞大，促使大家争相赶赴北京，不远万里，只为去看一眼这件珍石、神工的石商竟然多达数十人。其中几位有名望的石商牵头，商议一起出钱“围猎”这件名田，希望在资金上齐心合力，同时也避免大家互相竞价，让成本过度高涨。30名石商，共准备了1000万元的预算参与竞拍，大家信心满满，本以为有争胜的希望，但结果却不如所愿，这件作品却以2000余万元落入一位外地藏家的囊中。也就是说，即便在尽量消弭了行业内部竞争的情况下，针对这件《赤壁夜游》的竞价者依然众多，且个个实力不凡、又势在必得。后来，这件《赤壁夜游》再次出现在拍卖场上。

其实对于久经交易的寿山人来说，仅就原石本身进行评估，在当时的行情下，1000万元的估价是非常准确的。但大家没有想到的是，郭懋介鬼斧神工的雕刻技艺让原石成了以宝玉石为载体的艺术品，其人文赋值吸引来了宝玉石收藏圈子以外的顶级藏家，直接令作品的经济价值得以翻倍。经此一役，所有人都认识到了一个铁一样的事实——即便是对田黄石这种的宝玉石而言，超一流水准的“工”依然有远超其石体的重要性。

由此，田黄石的雕刻工艺好坏，也成为“五品”中最为关键的一环。在比较品级时，直观的标准是质地、特征、色彩，而潜在的标准则是后续提升价值的“可能性”。在品级的判断上，这一表一里，一显一隐的准绳，都是对收藏者思考深度、经历厚度的检验。

当代　郭懋介作　田黄石
赤壁夜游　薄意摆件

第三章

田黄的鉴别与辨伪

仿冒田黄石的手法中，最常见的是以外观近似的品种石加以混淆。有些是以寿山本地类似田黄单一特征的品种石，有些则是以外省或外国产的石材进行附会。由于许多购买者经手的田黄数目不多，对其了解仅仅来源于文字资料或道听途说，因此受骗者不在少数。

以往，田黄石的判别有许多以个人经验为基础的窍门，因此有石皮判断法、筋格判断法以及萝卜丝纹路判断法等常规手段进行甄别，但如果单论某一种特征，则可以在自然界中找出很多具备类似单一特征的石材，它们却不可能都是田黄石，因而只靠皮、丝、筋的传统判断，显然不够。20世纪80年代后，由于田黄石母矿成分的确定，使得田黄石的鉴定开始加入科学这一途径，一些以树脂、塑料或其他成分与地开石、珍珠陶岩不符的石材进行冒充或染色的伪品也逐渐易于被辨认出来。但是，由于田黄石的鉴别标准没有得到共识，也没有拟定统一的鉴别准则，因而不少检测单位不能具体检测，多数单位只作宏观特征描述，最多只会加上仪器无损鉴定确定的矿物组成名称，然而世上异质同构者不计其数，且田黄的产地又是其定义的重要组成部分，故单纯的科学鉴定手法，也无法解决材质上的争议性。

因此，当下寿山人对田黄石的鉴别与辨伪，一般需要多种方式一起进行。其一是通过身为原产地采掘者的经验，其二则是通过现代科学仪器进行辅助和确定。两者都能认可的，才将之列为田黄石，其中的过程可谓谨慎。

一、与田黄容易混淆的石种

（一）寿山本地石种

田黄石出产于寿山，因此寿山本地石的一些环境与之类似的情况下，往往会出现一些与田黄石品相接近的石材。但它们的成分或与田黄石不符，或并非出产于田黄的规定产区内，或色彩的致色原因和田黄石不同；或不具备田黄石的各种物理特征，或不符合田黄石的“六德”规范。虽然这些石材也有不少是美丽动人，价值连城，但与田黄石的价值却无法比拟，本节将对这些石材进行梳理，以免大众混淆。

1. 黄芙蓉石

黄芙蓉石作为山坑石，偶见色泽纯正的黄芙蓉，也会雕薄意，据传早在清朝时某些黄芙蓉石已当田黄石上贡。鉴别要点：无丝，无皮，有砂，质地凝腻更胜田黄石，这是其叶蜡成分导致的。黄芙蓉石被当作田黄石的情况往往在清代居多，当时的人们对田黄石的性质并不了解，觉得田黄是蜡石的一种，因此蜡质感强的黄芙蓉石就会被当作田黄石流通。乾隆晚年所刻《鸳锦云章》在坊间有“田黄九读”之称，正是因为在过去人们都认为这套连环印是以9件田黄石雕刻而成。随着信息的逐渐流通，寿山人见到清晰的资料和实物后，才发觉其中“七读”“八读”都有明确的黄芙蓉石特征，并非田黄石。由于黄芙蓉石也相对稀缺，价值不菲，现在已少有人以黄芙蓉石冒充田黄石。

清乾隆　雕兽钮循连环印　黄芙蓉石
附鸳锦云章七读
台北故宫博物院　藏

清乾隆　雕兽钮循连环印　黄芙蓉石
附鸳锦云章八读
台北故宫博物院　藏

清道光　多灵坑田黄坐像达摩
苏州博物馆　藏

2.黄都城坑石

都城坑石又名杜陵石，其产地在高山东北四里。城坑石在清末时产量颇多，颜色多种多样，质地也相差颇大。都城坑石坚结但多砂，其中有一种枇杷黄，色彩艳丽、质地凝灵，极为接近田黄石，唯一的区别在于没有萝卜丝纹，这是各时期都成坑中最上乘者，但夹砂的情况居多，无砂者往往体量极小。杜陵石质地硬脆，因此反射光更强，视觉上区分并不困难。

《印石辨》中曾提到在20世纪初期，由于当时田黄一度绝产，石商难觅田黄石，因而故意以黄杜陵依附田黄石之概念进行售卖。当时石商所使用的黄杜陵，多为“金源洞”杜陵，即今天我们常说的“琪源洞”杜陵。这类黄杜陵多为黏岩而生，夹砂严重，因此常常会出现剜砂所留下的凹陷，有的也会有白色的渣点，但亦为绝佳的高贵材质，其价值亦属不菲。苏州博物馆现有一件清代道光时期的黄杜陵达摩坐像，正是以这种绝品黄杜陵雕刻的精品。

20世纪90年代，有人以杜陵染色“做皮”，有藏家买到后请人雕刻，但在雕刻时刀感就与田黄石不同，且染色的皮随雕刻一起片片剥落。等到雕刻完毕，连原本留下“石皮”的部分，其色彩都已经在手中摩挲掉色，完全露出杜陵的材质特征。近几年，由于黄杜陵也已越来越稀少，黄杜陵本身价格到达一定程度后，高昂的成本反过来制衡了造假的成本，如此作为也逐渐绝迹。

3. 鹿目石

鹿目石又称鹿目格，是掘性石的一种，产于都城坑矿脉分布的山坳中。陈子奋在《寿山石小志》中有记载："鹿目格产自杜陵坑附近之土内，为块状掘性石。黄而浓者，鲜艳若枇杷，暗则作红酱如年糕。通灵细润者，近似田黄，但无萝卜丝纹，且黄中泛红，名鹿目黄，又号鹿目田。"鹿目石大多山石气重，质坚硬，色彩相对板滞，但也有例外，一些色彩浓艳、质地通灵温润，石表有枇杷黄的微透明石皮，被视为上品。

民国时期所出产的一些鹿目石，带蟹青色，大者能到500克以上。这批鹿目石有薄黄皮，质细、腻、润。当时的石商舍不得切章，因此多保留天然带棱角的形态，选择最好的一部分交给彼时的雕刻名家林清卿刻留皮薄意，通过使用与田黄石类似的工艺，以抬高身价。但论凝结度不如田黄石，甚至不及同时代出产的都成坑石。鹿目石中质地好的，人们称之为"鹿目田"，但其实与田黄石的母矿完全不同。鹿目石无论质地如何，都没有萝卜丝纹，石肉有的黄中多泛着块状红晕，有些则带如朱砂般的红点。

寿山优质鹿目石

4. 牛蛋石

牛蛋石产于高山对面的旗山南麓的小溪涧，在寿山溪中也有不少。有趣的是，两个地点距离既远，路途中其他地方又从未见产出过牛蛋石，可见这一地段，在地质发生变化之前在某一时期曾有过较强的关联性。牛蛋石多数质地粗顽，石皮有黑皮也有黄皮，但相对更粗糙厚硬，不若溪田皮薄而光滑，石肉色闷而无丝，因此常采田石的寿山人并不容易混淆。其“石肉”有蜡质感，与田黄石的母矿无关，因此通过科学手段也能检出。

早年人们捡到牛蛋石，往往丢回溪中，不加理会，后来寿山石行情起飞之后，这些牛蛋石多半被大家保留下来，再前往石市摆摊时拿去售卖，一件数十、数百、数千元不等，也算一分收获。还有人专门收购大批牛蛋石，在市场中出售。

不过，多数人出售牛蛋石之前都会用锄头敲打石皮，使之“开窗”，以避免漏掉田黄石。这是因为在溪采中偶然也会出现个别石皮较厚的田黄石，其石皮粗厚，与牛蛋石的形象接近，表面看不出端倪，开窗之后却显示出天渊之别。王一帆在《寿山夜话》一书中，就曾提到早年寿山村中一件“牛蛋变田黄”的故事，所说的就是大家都“看走眼”，被误认为牛蛋石的大田黄，被人“捡漏”的情况。这件传奇故事，实际上就是一名粗心的寿山人一时忘了对这颗牛蛋石进行简单“开窗”，以极便宜的价格卖给了专收牛蛋石的石商造成的。而当下有人据此故事将牛蛋石也应当作为田黄的一个分支来看待，认为牛蛋石时间久了之后会“转变”为田黄石，这自然是不能成立的。

寿山黑皮黄心牛蛋石

5. 鲎箕石

20世纪80年代，芹石村农民潘自留等人在名叫鲎箕的峡谷中，约数亩田土里发现了一个全新的掘性高山石品种，便以产地为其取名鲎箕石。这种独石零星地分布在高山的坡地或低洼湿地，依成因不同，质地相差很多。多数鲎箕石质地粗且松，脂润不足，少见凝灵，肌理也有丝纹，但多数都不像田黄石的萝卜丝纹，而是规律整齐，且多夹杂朱砂点。石体有时还有条状透明体和白渣、黄棉纱地，一些质地不错的白色鲎箕石乍看之下与白田相似，但滋润凝腻感远不如白田。个别质地莹润的黄色鲎箕石也会出现一些细密的丝纹和红格，虽与田黄石不同，但很有迷惑性，所以也有人称之为“鲎箕田”。有些石商会利用鲎箕田的这些特性鱼目混珠，冒充田黄石出售，实际上两者价值不可同日而语。

鲎箕石

（二）外地石种

过去20余年中，用外地石种混充为田黄石已是常态，这些石材多为一些掘性石、矿生石，但无论从成分上还是物理特征上，都与田黄石有明确的区别。由于田黄石的珍贵，这些石种就成为一种依附于田黄石概念体系周边的补充性观赏石。它们的存在主要是填补市场中对于田黄石的空缺，在一定程度上，它们也满足了一些无法得到田黄石的收藏家们对田黄石之渴望的心情，以及通过田黄石建立起的审美需求。如今在市面上，外地的石种多已偃旗息鼓，其中部分是外国来石的冲击导致，更深层的原因还是它们实际与田黄石的相似度仅局限在个别方面，无法全面达到田黄石“六德”的标准。

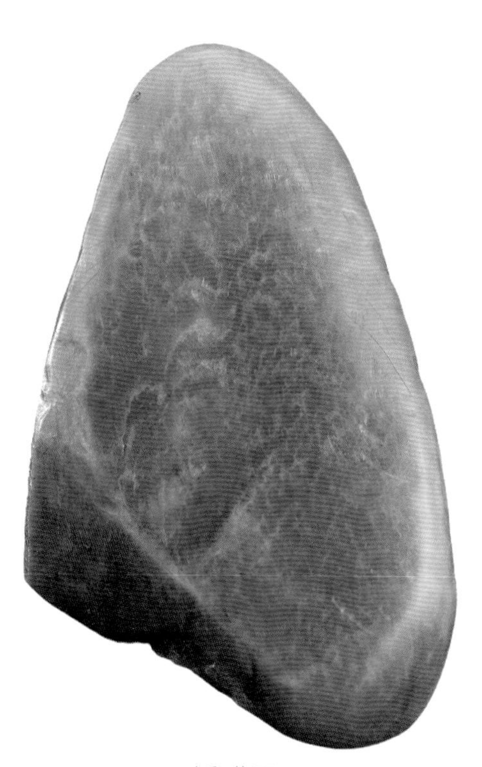

政和黄石

1. 政和黄石

政和黄石是近几年才出现于市场上的一种黄石，出产于福建省南平市政和县，也属掘性石。政和黄石的产量不小，但石皮、丝纹、质感却千篇一律，缺乏田黄石的多样性，因此对于熟悉田黄石的人来说，辨认起来并不困难。

昌化黄石

2. 昌化黄石

昌化黄石已有十几年依附于田黄石的概念，是在市场流通中类田形制的一种黄石，其产于浙江昌化，因而称昌化黄石。昌化黄石的开采年份是在20世纪80年代前后，昌化黄石被陆续发现。20世纪90年代后期，昌化黄石通过类田黄概念，形成了固定的流通市场，于是采挖规模也进一步扩大。当地平溪村、玉山村、半岭村等均有人在康山岭北坡、南坡进行开采。至2005年，采挖的范围已上连原昌化石矿洞，并下至水田、湿地、溪涧。从常见的形态看，昌化黄石多有棱角，呈块状，有大有小，超过1公斤以上的比比皆是，但多数质粗材大，色彩较田黄石要暗沉、板滞，明快亮丽的情况少，色彩也趋同，没有田黄的多样。在质地上，昌化黄石几乎没有符合“六德”标准者。至于具备萝卜丝纹和红格者则更少，且矿物成分也与田黄石不同，没有珍珠陶石，以高岭石居多，故而刀感也脆硬而不如田黄柔糯。

北京大学地质系教授王时麒曾从科学角度提出：“昌化黄石虽然同样属于火山热液蚀变型黏土矿床，但从地质产状上来讲，它分布于山坡土层中，属残坡积矿床，相当于寿山石中的掘性石，而不是河料或籽料，因而与寿山田黄根本不同，将昌化黄石称为田黄是极不恰当的。如果那样，寿山地区大量的坡积料掘性石，如坑头田、鹿目田、掘性高山、掘性杜林、掘性都成坑等就都可称为田黄了。”将其与寿山的其他掘性石相比，可谓中肯。昌化黄石由于在生成过程中残存一些石英成分，因此砂丁较多，且硬，其“纯度”比之田黄亦有不如。且田黄挂皮厚薄不一，而昌化黄石则多为厚皮，石皮多为1厘米左右。

昌化黄石与田黄无论从构成、形态、色调等均有很大的落差，因此在流通过程中，其价格相差也历来悬殊。无论是寿山本地还是从事相关研究的学者，都认为昌化所产“田黄”不能直接称为“田”，应以“昌化黄石”之称为宜。

3. 巴林黄石

指主体色为黄色、透明或半透明的巴林石。最早发现是因采掘工人刘福作业取石，因此早年被称为“刘福冻”，后来由于田黄石概念强势，市场上以巴林黄石为商品的从业者，将其进行文化附着，因而强调其“黄”，取“福”字定名为“福黄”。

巴林黄石中，必须是主体为黄色才可称“福黄”，如黄色的部分不足，则只能称彩石，常见有油脂光泽和蜡状光泽，以油脂光泽为最佳。具体又可分为黄中黄、蜜蜡黄、鸡油黄、水淡黄、流沙黄、虎皮黄等20多个品种。

然而，巴林黄石产出于原生矿床之中，以脉状产出，是一种山料，与田黄石的生成方式完全不同。巴林黄石无石皮，不存在卵石形态，亦罕见萝卜丝纹和红格。虽然产量稀少，质地细腻，但仅是巴林石的一种色彩分类，与田黄石在成因上并非同种类型的造物。

4. 皂石

皂石基本由滑石构成，含有多种矿物质，有些黄色的皂石会出现与田黄石非常相似的色彩以及反射光，个别情况下还会出现石体内有接近田黄石“萝卜丝”形态的丝纹。这类皂石在20世纪末较多，如今已经极少出现。皂石仅看图片很难辨别，需要上手感知，因此也无须在外观上花费过多时间。因其硬度很小，与丹东石中较软的一类相似，只要以手指甲搔刮就留下划痕，有些甚至能抠落石体，与田黄石差距极大，因而如有疑问，可以这种简单手法辨认。

巴林黄石

（三）外国石种

用外国石种冒充田黄者，早年曾出现过以黄色朝鲜石和自称“金田黄”的印尼方解石等，这些外石都是商家运作下的结果。但基本都是众多收藏家一时激情昂扬后，立刻发觉其与田黄石相去甚远，遂又遭市场抛弃。从前介绍田黄石的书籍，有关外国石辨认的内容通常较为详细。但时移世易，如今的市场中，老挝所产的南部水料和北部阿速坡所产的黄石，已将这些外国石种的空间完全挤占殆尽，本书也不再对这些退出舞台的观赏石作太多介绍，而将重点放在老挝石的辨别上。

1. 老挝南部料（老挝蛋）

老挝石在2014年至2015年之间出现在福州市场上，崭露头角时一度被命名为“老挝叶蜡石”，但实际上并无叶蜡成分。此种最早是福建莆田经营木材生意者在外发现，带回福州，其材质多样、储量甚高，但因产地的湿度、温度和中国境内差距很大，因而在脱水、低温的环境里色彩状态与质感都不稳定。产于老挝南部的一种水料，形状多如卵石，还会呈现出类田黄的次生风化皮，故在福州市面又称“老挝蛋”，当时有些石商刻意将之“做皮”伪装成溪田，后再以田黄价格出售。虽然带石皮的老挝蛋是福州市面上最常见到的品相，但这多少与石商有目的性地进行筛选后再推上市面流通有关，并不是说全部的老挝蛋都具备类田黄特征的次生石皮。

以做皮手法仿冒“溪田”的老挝蛋

在外观上，老挝蛋与寿山掘性金狮峰石相似，筋少，有些老挝蛋石体有丝，但其丝粗大无美感，分布、走势上混乱且缺乏规律，相信是因为当地地质环境所造成。老挝蛋的石皮多为淡黄色，且石皮的色彩、质地与皮下石肉的情况相去甚远者极多，石皮靓丽细腻，但切开后肉色红或淡红的情况屡见不鲜，市场交易中，都需要“擦窗”确认质地和颜色。老挝黄石与寿山田黄石均为高岭石族矿物。寿山田黄石成分复杂，主要有地开石、高岭石、珍珠陶石，亦可能含有白云母；而老挝黄石多由地开石、高岭石等混合矿物组成，物质组成较为纯净，且未发现含有珍珠陶石、白云母等矿物，可作为两地“田黄”的产地识别特征。

2.老挝北部黄石

近年较为流行的易混淆品类，当属老挝北部黄石。“北部黄”又称“北部料”，出产于老挝北部的华潘省，此前有人不知老挝当地情况，随口将之说为产于接近越南的阿速波省，一北一南，相去甚远，纯属以讹传讹。

这个品类出产在一个早先环水的山坳中，是破碎的整条矿脉埋入地下生成的，因而形多棱角，无卵石形。北部料多靠当地村民手凿开采。数量上虽不能算少，但真正质地优秀者却不多，大部分石材均有过多杂乱的水纹，且不够致密凝结。

在切章上，老挝北部料与田黄石不同，其色调较杂，内部多呈白色，难以从石皮判断内部情况。有时皮质极细嫩、润泽的料子，切进石体内，外面仅仅一层黄色，内里竟毫无过渡、猝然变白。另外一种情况，是切入之后有“杂”。北部料有类似善伯

老挝北部黄石

体的糕点，也有与杜陵石相似的水纹线，但因原矿脉极大，因此在热液凝结（与寿山石由火山热液凝结的情况类似）时，冷却太慢，因此这些水纹较之杜陵石的水纹更杂乱。

老挝北部料中价格最昂，质地最佳的，市面俗称“老黄”，也叫麦芽黄。石商会千方百计挑选一些从外观上看与田黄相仿者出售，但由于其凝结度上明显不及田黄石，因此上手基本可以发觉问题所在。北部黄石中一些品相极好者，把玩起来也没有出油感。不过其质地、品相、色彩，又优于“挝蛋”（即挝田）。有些北部料里，会出现很接近田黄的皮，这种原石皮质细腻，有在水下长期浸泡的痕迹，但其红筋细碎，如指甲划痕，与田黄石的红筋不同。除了红筋之外，老挝北部料中还屡见白色内爆，遇到风吹出现快速脱水的情况，则容易出问题。

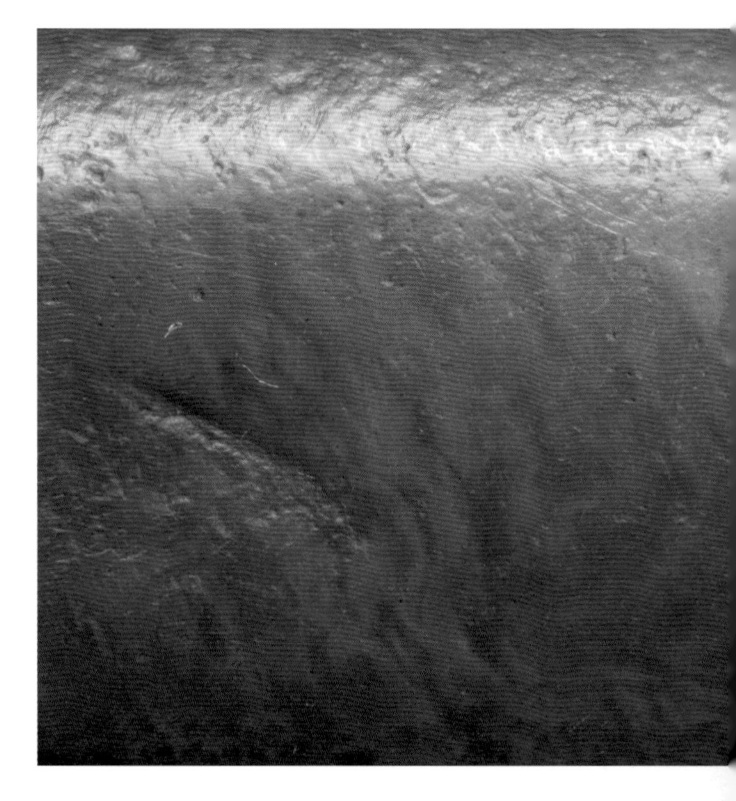

老挝北部黄石中混乱的水纹

许雅婷曾在《老挝石与相似寿山石的对比研究》一文中明确提及：“老挝北部黄料样品颜色分布不均，内部常见粉色团块状、黑色点状等多种杂质矿物内含物，一般不具石皮。而田黄颜色均匀，内部纯净，仅常见萝卜丝纹与红格，多具有石皮。有些老挝北部料会出现白色石皮，这主要是地下水浸泡的结果，但其他如黑皮、多层皮、多色皮等情况，在老挝北部料中就少见到。”老黄成品基本光水过硬，反射光不柔和，透光度也更大，缺乏同色彩的田黄那种凝练的胶质感，稠厚感，由于其下刀时硬度大，与其说像田黄石，倒不如说像结晶的鹿目石。

有些北部料会带有类似高山石一样的萝卜丝纹，一般比较细小，且不容易面面俱到，有时候只有单面有，其他面会出现水纹，切起来比较困难。相比，真正高品田黄的丝纹均匀、清晰，与之还是有较大区别，且田黄并不存在水纹这一问题，两者之间还是有本质区别。

带丝高山石染色的假田黄

二、田黄的辨伪（伪造方式和鉴别方法）

田黄石问世以来，对于那些不熟悉田黄石、鉴识经验不足的人，很容易被各种假冒伪制手段受骗上当。早年，最常见的是利用寿山石中一般品种，挑选部分色近田黄，似有萝卜丝纹的石材整成卵石状以冒充，还有用树脂、塑料等进行低劣仿制的。其后，市场流通中大家逐渐通过石皮、萝卜丝纹作为标准，辨别田黄石，因此又出现了对石体和石皮进行染色、做皮的手段，以及以小田石拼接大田石之后进行注胶来提升品相，借此牟利的行为。

在如今的田黄交易中，一些以树脂、塑料造假的行为基本已退出时代舞台，但染色、做皮、拼接法的手法依然存在。以下我们基于这些手法，进行归纳和总结，希望能够在田黄石的鉴识方面给予大家帮助。

（一）混淆冒充

以品相相似的黄石，或其他寿山品种石混淆冒充的方式，主要针对刚刚接触田黄石的新手。具体的方法是用具备个别类似特征的黄色石材，磨为卵形或雕刻后冒充。早期这类混淆的方式集中在以寿山石中其他的品种，如取鹿目、杜陵等掘性石进行兜售，或以鲎箕石这类有天生丝纹者冒充。在过去信息不发达的年代，这些以各种黄石冒充田黄石的商家，都会把包裹的石皮剥去，由于质地优美，也有宝光，很多人都难以辨认。由于当时这类事情较多，故此为鉴定真伪，就成为判断真假的一项标准，即看石皮。极端情况下，无石皮者，即便是真田黄石也会出现难以流通的问题。这也影响了后来田黄石工艺的发展，凡雕刻者，必然想方设法留下田黄石的石皮，证明其身份。因此那年代的田黄石，雕刻最常见的就是采用“留皮雕刻”法。

当下混淆、冒充的石品中，多用老挝蛋、老挝北部料。由于老挝蛋与老挝北部料同样充满迷惑性的次生石皮，因此最重要的是“擦窗开肉”，并且观察是否有萝卜丝纹。由于田黄石的“丝”状态非常独特，因此看“丝”的方式，同样适用于其他石种。如鹿目、金狮峰、黄杜陵等，均无萝卜丝纹，相对较易辨别。鲎箕石丝纹形象常如芦苇，过于规律、粗壮，不似田黄石的丝纹飘逸，一般这类混淆对于本地稍有经验的石商都很少发生，多出现于福州以外的地方。

（二）染色与做皮

染色与做皮两种手法是息息相关的，染色一般是挑选寿山中有天然丝纹特征的石种，或干脆以田黄同样母矿的石种进行染色，也是仿冒中常见的手法。染色分为两种，一种是针对石体的染色。20世纪90年代，郭懋介就对染色仿冒的手法做过总结，当时通常染色所选择的都是绿泥石、叶蜡石、石膏、滑石等，有时也取石质较松的高山石等软质石，而后通过化学药物浸泡，辅以高温加热若干小时，使所设计之药色渗透到石之肌理中去，然后称田黄抛售。但是这样泡出的假田黄，往往损耗率极高，有时投入较多的石材，也只有几块能够成功。近年来，染色作伪者，多选择高山石系中的太极头石、四股四石、鸡母窝石这类坚结的石材，以炸药水或强酸加热浸泡，使黄色沁入。由于这几品石材均有一些品相秀美的“丝”，染色之后就更加明显。加之石性坚结，沁色之后更有鱼目混珠的风险。

第二种染色是针对石皮的染色处理，这基本是针对原石的处理。二三十年前，主流的手法是用石材肌理与田黄石有相似性的黄高山石或黄荔枝洞石，先刷洗使之脱油，再以深色的“连江黄”石粉，筛滤后用黏合剂调成稠糊状，然后均匀地抹于已经准备好之非田黄石的表面上，待干后即成为有

染色假田黄印章
因染色剂产生的大量内部爆裂

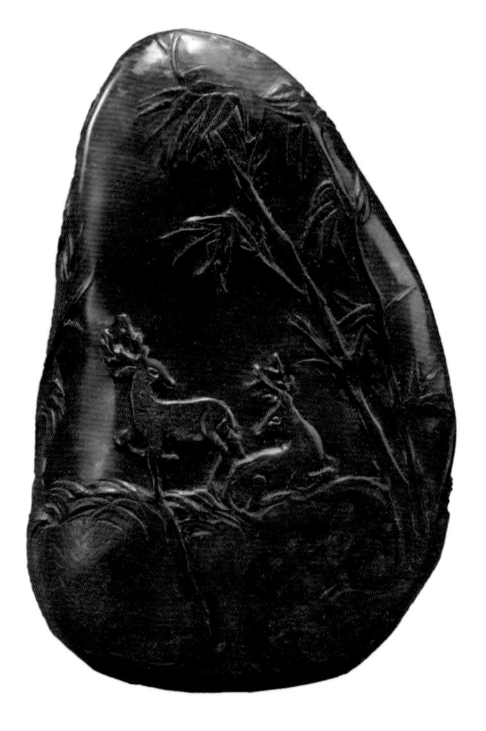

依靠煅烧造假的“乌鸦皮”

皮层之假田黄石。这在当时被称为“做皮”，是伪造者针对大家以石皮来判断真伪的陷阱。

2000年后，做皮的方式再度增加了新的环节，伪造者先将黏合剂以及石粉涂抹好，然后仿制石皮的肌理和磨蚀痕，一开始作伪者们只是用硬物凿出点状坑洞或以装有沙土的簸箕盛放，与沙土一起翻滚，让假石上出现些密密麻麻凿痕或磕碰，但因为这些痕迹发干、发白，很不自然，只要仔细观察就不难辨别。于是又出现沾上土，或再着色加蒸煮对皮固定的方法，目的是使之与薄皮田黄石的石皮状态接近，以二次加工的方式干扰购买者的判断力，用以遮掩其做皮后痕迹的破绽。这种做皮的皮层调色常常比较违和，皮层也很单薄，且因经过高温和药水常有开裂，皮质难免干涩，质地也松脆，有些用金属钥匙一推即会脱落。

以往还有人把寿山石磨去棱角，用稻谷壳作燃料进行煅烧，制作乌鸦皮田黄。这种乌鸦皮的石色不耐摩挲，色彩会逐渐淡去。过往曾有人购入假的乌鸦皮田黄，给予当时一位业内工艺大师进行雕刻创作，当大师雕刻田黄时，发现乌鸦皮仅有浅浅一层，且色彩经过放置，逐渐脱落，最终这件作品在雕刻完成之后，望之已经完全不再具备田黄的特征了。这也是为什么在田黄出产的巅峰时期，许多老手在收到田黄石之后，都会寻求名家进行雕刻的原因。如田黄为真，则名家雕刻能够为之增光添彩。如不幸“打眼”，则至少有名家雕刻带来的艺术价值，可以令石材本身保有一定的价值。当下做皮多使用机器盛着的沙土，将假石放在其中来回滚动，通过仿造地质运动中的迁移，来形成一种类似自然磨蚀的石皮外观，染色皮逐渐减少。

（三）拼接法

拼接这一手法流行于20世纪80-90年代，指将许多小块石材拼接为大块田黄，郭懋介在其书中也称之为“以小拼大法”。用小碎不同之芙蓉石、坑头石，甚至一些小于30克的田黄石，以接驳之法使小材变大，然后以雕琢的方式掩盖，黏合、镶嵌，再将之伪装成原石的格纹，刻上薄意或雕成花卉鸟兽，使人难以辨认，此外，也有沿黏合处勾刻薄意，以刀痕掩盖的情况。过去，对于拼接法伪作的田黄石主要靠看色与质，或观察其他肌理的走势来判断，不同石材的质感会有少许不同，且如非一体，色调上也会显得异样。如果前两者都难以判别，还可以用强光透照石体，观察萝卜丝纹。拼接出的田黄，无法控制萝卜丝纹路的形态，走向混乱，粗细不匀，甚至忽然中断又出现，无法连续。

近几年来，这种拼接法多用于一般有俏色的寿山石上，田黄石的造假行为里，拼接石材反而成为少数，这也是因为收藏家们的辨伪能力也在与时俱进的结果。

三、田黄常见的鉴定手法

田黄的常见鉴别手法，一般分为科学鉴定法、肉眼观察法和水洗脱油法。科学鉴定顾名思义，是通过仪器进行检测，它的优势是能明确排除一些低级的伪造手法，但劣势在于有一定的局限性。肉眼观察法则是传统的辨识方式，它的优势是相对准确、迅速，但劣势在于缺少经验者难以很好地运用。最后一种水洗脱油法，则是一种具体的简单技巧，它是田黄石流通市场中所总结出的简单却极有效的手法，能为新手所用，且相当准确。

（一）科学鉴定法

运用红外光谱仪、拉曼光谱仪或X射线粉末衍射仪对其进行测试，以确定其主要矿物组成，当排除非田黄母矿成分的样品后，再对其进行更深入的观察与鉴定。在常规检测条件下，也可测量样品的密度，以排除一大批如塑料、树脂或成分不同的皂石、叶蜡石等田黄石仿制品。

王时麒教授曾提出了科学上可供辨别田黄石与其仿冒石的方法，但大部分这类鉴定方式，都需要借用大型仪器确定，无法在交易中迅速辅助判断。且科学鉴定法有时会限于研究的普遍进展，出现偏差，如仿冒者选择了与田黄石母矿成分接近的寿山石矿产石或掘性石，就会产生混淆。

此外，科学鉴定法的结论有时也会夹杂一些由非科学原因造成的谬误，譬如某些机构会遵循产地概念泛化等人为引导的错误标准，导致给出完全不正确的结论。同时，仪器检测也伴随着对田黄石的破坏，对于价值高昂的田黄石来说，鉴定成本极高。综上所述，寿山人通常认为纯粹的科学鉴定手法是一种必不可少的辅助手法，可以帮助鉴别者迅速排除一些低级手段的影响，但所出具的证书、报告只能作为一种参考，不能做到一锤定音。

水洗脱油后的染色赝品

（二）肉眼观察法

肉眼观察法是日常交易中最为人们所熟知的手法，肉眼观察需要长期积累的经验才能很好地完成，但总的说来，是从以下几个方面入手。它们分别是：视石质、观石形、察石皮、望石色和看石丝。

1. 视石质时不仅需“视”，还需要注意手感，即脱油后依然触手温润不干结，不额外上油的情况下把玩片刻应就恢复油润感。其次要注意田黄石本身密结凝润，它的反射光绝不会显得刺眼，而是相对柔和，视感如珍珠一类。此外，就是以强光透照，检查是否有胶痕隐藏在雕刻工艺中。再就是对石材的肌理进行审视，看是否有突兀断绝，或忽然改变朝向的纹理，一旦发现，就说明石头本身可能修复或拼接过。

2. 观石形主要为避免伪造者以山石仿造溪田，溪田是在溪谷水道中，经由流水亿万年冲刷所得的形态，边缘虽因棱角褪去而圆润，但整体的形状却势必能够保持。通常假造的溪田，其形态都是人工刻意磨圆，较为单调，浑圆无起伏，不符合卵石的自然形态规律。

3. 察石皮则主要为对滋润度、色彩的感受。仿制的石皮质干涩，频繁把玩可能脱色，用刀则容易剥落，经过染料浸泡的皮色过于均匀，色彩也会不太自然。这个过程中可以使用放大镜来观察，如出现过于规律的磕碰痕，则有可能是人工干预下的结果，较为可疑。天然石皮受到土壤或水体常年打磨，质地较滋润，由于不同时期的自然迁移，色泽较柔且不完全统一，很难显得过于均匀。石皮上磨蚀痕和坑洞也都较为随机，非常自然，分布上不会太有规律可循。

4. 望石色与观察石形、石皮的情况类似，遇到颜色较均匀且有些饱和度过高的色彩，要有所警惕。要注意的是，色格也属于“石色”的一部分，有些色格颜色发黑，一些新手难免产生疑虑，认为色格一定是红格、红筋，实际上红中带黑色的格是在胶合过程里被黑色的土壤渗入其中，属于受环境影响的正常现象，并非伪造的特征。

5.看石丝即对萝卜丝纹的辨别，大部分仿冒田黄石靠看有无丝纹就能够辨认真假。田黄石的“丝”细致飘逸，田化较为彻底的古田黄石会出现丝纹幼细欲化的情况，但只是极少数。市面上大部分的田黄石可以靠看萝卜丝纹辨别真伪。

综上，肉眼观察时，记住以上五法，能够避免很多问题。但每个人具体的观感和认知是不同的，如果实在不能辨认，就需要结合仪器来辅助感官分析，方能准确地识别。

清　田黄石薄意章　48.5克

（三）水洗脱油法

一般自市售所得的田黄石者，如见用油浸泡或擦拭导致不能辨别的情况，可用30℃～40℃的温水，以洗洁精洗石，洗后擦干静置脱油。约20天后，脱油初步完成，即可以见端倪。如为药水染色的假石，则会出现石上密集且不规律的内爆、泡点，这是化学成分对石材结构的破坏所致，以荔枝洞石泡药染色者，这类内爆会特别密集，且静置2～3个月后，整石会如同干裂的皮肤一般，布满密集白痕。

水洗脱油作为一种简单的鉴定手法，还能辨别新作的假“石皮”。一般而言，假石皮通常是以石内带有类萝卜丝纹，且质色接近的异种石，同砂石混合在一起进行摇动，让石头表面在砂石上产生磕痕，之后再以油沁覆盖，使之呈现相对自然的光泽效果。但水洗脱油，且一段时间的静置之后，油分脱干，石材原本皮壳上的磕痕就会发白，出现明显的白色破损感，而真正经历充分土地埋藏的田黄石，是不会有这种情况发生的。

第四章

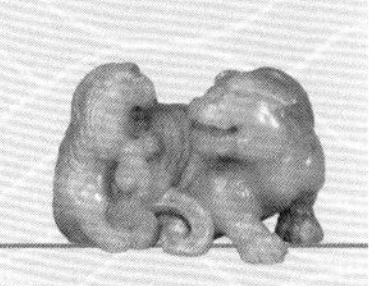

田黄的形制、工艺与篆刻

时至今日，田黄石的交易过程中，克数已经成为必不可少的对价值判断的条件之一。因此，田黄石的工艺创作与其他寿山石品种雕刻最大的分别就在于，田黄石材质之作品，比一般寿山石作品更为注重“保材”，雕刻者必须尽量减少原石体量的耗费，尽可能保全石材的原型、重量。同时，作为软性宝石，又要降低其磨损、磕碰的风险。这些综合因素，都决定了田黄石所常见的工艺形制和工艺手法的使用。当下田黄石的应用形制，有印章、圆雕、把件、文房、配饰五大类，其上所应用的工艺技法则主要由浮雕、薄意、圆雕、钮雕四种组成。适宜的形制和技法，能够提升田黄石的价值。

田黄石上所附着的重要艺术形式——篆刻，也在一定程度上决定了一件田黄石作品的收藏价值，但它是独立于“工艺”之外的。无论是否施加工艺，只要受到篆刻的田黄石，均在一定程度上被视为印章，其对形制的影响一目了然，这也是本章将其与形制、工艺共同提及的原因。

一、田黄石施加的形制种类

田黄石作品选择的形制一般与其大小、质地、石形有关，但同时也与具体出产的年代联系密切。体量较大的田黄石在古代会被切为印章、制成砚屏等物，但在当代则多刻随形山子或圆雕。在丰产期出产的田黄材积较大，人们多把体量小的田黄石抛回土中，因而少见制作配饰的情况。如今田黄石再次产量急剧下降，加之手串和国潮挂饰的流行，较小的田黄石也开始以配饰石的形式进入主流消费的视野。

（一）印章

田黄石在早期被人们广泛认知是基于其寿山石的身份，并且它在古代的定位多为印章石。田黄石由于色彩沁润有差距，有些石材切入内芯色调转淡，如刻把件、圆雕、文房，均可避免这样“露怯”的风险。唯有印章需要切出六面，要求所用原石“田化”过程全部完成，色彩魅力内外如一，因而印章这一形制在田黄中最为珍贵。印章以方正为贵，这无论对于卵形的溪采田或有棱角的田采田都有相同的“舍料”要求，这对于具备宝玉石价值的田黄而言是一种极大的浪费，唯有遇到大材、良材才可能实现。

明代田黄印章，多为正方印或长方印，入清后逐渐多椭圆章、随形章，至晚明时期甚至出现剔平人物件或山子件，以底座进行篆刻，亦称“印章”，如天津博物馆所藏巨田，刻“福山寿海”山子，但其底面就剔平篆刻，称之为随形章，然而就形制来说，其实还是不甚严谨，有附会之嫌。通常情况下，一件田黄印章，如同等工艺水平，同等质地、大小，同等时代、篆刻的情况下，单以形制论，那么随形者价值逊于椭圆章，椭圆章又逊于长方章，长方章又不如正方章。有钮工的，又不如无钮工的“六面平”的素章。过去曾有田黄石“六面平”素章出现在某著名拍卖会预展，观者如潮，有人品石时，握在手中尚能感觉到热气，即前面观赏者爱不释手把玩观看所留余温，“六面平”印章这一形制的地位尊崇可见一斑。

但也有例外，譬如乾隆所用“田黄三连章”，三颗相连的印章都非传统的正方章，但却用田黄石做链雕，将每颗印章进行衔接，其舍料的靡费程度远超于一般印章形制。在这种情况下，链章的珍贵性又优于一般“六面平”素章。

明末清初　杨玉璇作
田黄石兽钮呈祥章　40克

（二）圆雕

田黄的独立圆雕件多为仙佛人物，亦有瑞兽、写实动物等，也有传统雕刻中的虫、草造型，其中以竹节形制最为历代收藏者所钟爱。自清代至今，这一题材在田黄石雕刻中始终长盛不衰，不仅私人收藏中比比皆是，文博单位的馆藏珍品里也屡见不鲜。此外也偶见如知了等作品，但数目却远不如竹节为多。

圆雕件在寿山石雕刻中早于印章，但由于其出现的时间，恰逢篆刻兴盛，因而其应用比重不敌印材制作。清末时，随着田黄石的逐渐减产，“保材”成为日常田黄雕刻中的第一要务，圆雕件的创作数量又大幅回升。20世纪50年代，田黄石创作中圆雕的占比再次显著提高，甚至完全超过了印章的制作。除了印章退出人们的日常生活，实用性降低、造成消费群体逐渐凝聚于收藏的人群之外，时代变化带来的观念变更也不可忽视。

随着时代变迁，人们对田黄石的认知由“文人印石”概念已经逐渐嬗变为“宝玉石”和“投资品”概念，奢侈的“切章”“平台”在巨大的经济利益考量下都变得越来越难以实现。即便是施加带有极强烈文化艺术色彩的篆刻，也避免不了对田黄的损耗。相反，圆雕却因福州本地寿山石工艺群体在“随形赋势”这一雕刻技术上的高度发达，而成为新时代的新选择。

明末清初　杨玉璇作
田黄石瑞兽文镇
上海博物馆　藏

当代　陈达作
田黄瑞气呈祥把玩
110克

（三）把件

把件在田黄石创作中，往往是以把玩为第一目的，其形制多脱胎于文镇，其诞生是源于人们对于“六德”的追求，以享受田黄石所带来的细腻触觉为主旨，所以把件的主要塑形目的，基本在于随形赋势。明末清初的田黄石把件多刻动物，塑造肥盛饱满的形体以就手感。清代以后则讲究保全原石的形态，因而多刻盘绕、攀附的造型，如螭虎、盘龙、云纹以及夔化龙凤等形制，这些形制一般使用浮雕、半浮雕手法，以圆刀雕造，所作形象无论是什么样的元素，往往都会表现为紧附于石体之上，盘抱聚拢的形式。把件形制中，对于细工和雕造的要求，需要以便于盘玩为先，不能扎手、不能制造特别容易磕碰的部位，因而少镂刻掏挖。田黄石文房形制有着很强的不确定性，材质形态的千变万化，价值的居高不下，都令其在造型上选择的空间极小，这一类作品的创作不但极大地考验着雕刻者的知识储备和空间想象力，同时为避免众多元素造成拥堵堆叠的视觉效果，也对创作者造型能力的要求非常苛刻。

（四）文房

田黄石在最初就是以文房件、配饰等形式进入贵胄人群的视野的。当代进行田黄石的文房雕刻，多是创作把玩件或文镇，甚至有刻砚屏者，随着田黄石价值的提升，这种豪奢的应用形制逐渐消失在人们的视野里，多数未有传承至今的机会。故宫博物院中藏有数件田黄文镇、山子，均具有极为高妙的工艺。至清代晚期前，田黄文房以圆雕文镇居多，山子反不是常见的形制选择，可能是因为当时的田黄石均被收入宫廷，于民间流传不多之故，受到当时雕刻的影响，山子所用均为浮雕。当今的文房件，主要集中在山子上，工艺多施薄意雕。选择这一形制的核心考量，还是为尽可能保存石材的体量和克重，这些山子一般体量较大，在拍卖场上屡屡斩获佳绩，成为人们追捧的目标。时风所向，工艺市场自然也趋向这一方向，故也产生许多小田黄石雕山子形，但一般称为摆件。

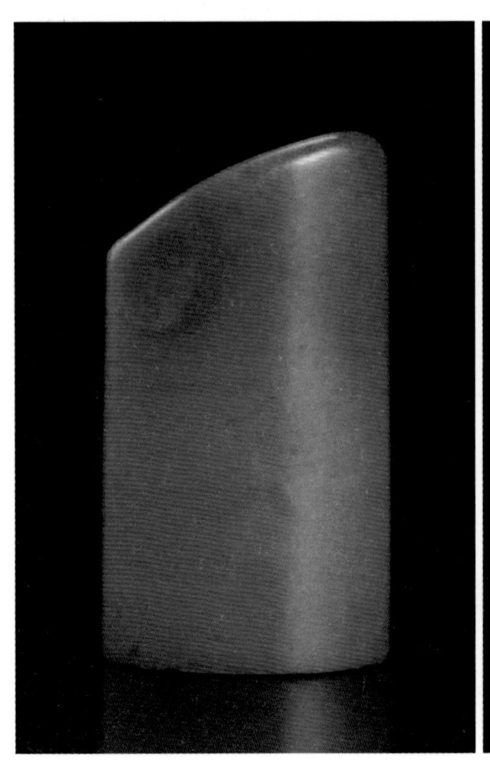

清　田黄石素章
41克　印文：是亦堂

田黄石手串

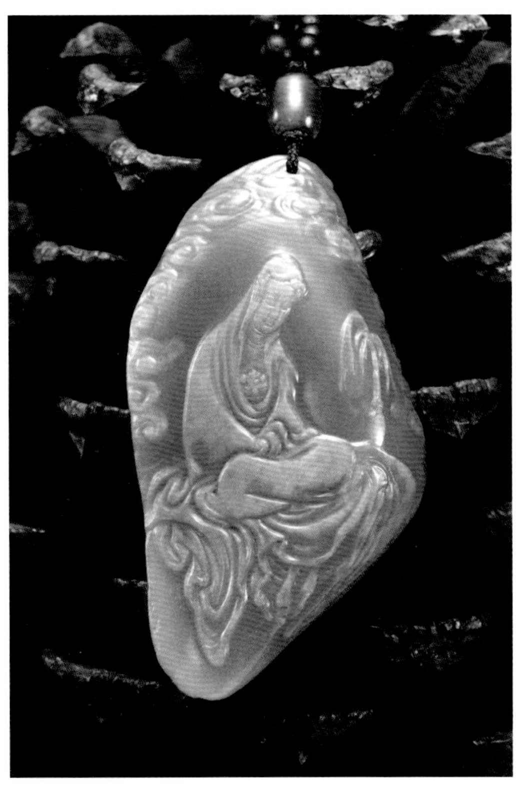

郑世斌作　银裹金田黄石观音挂件

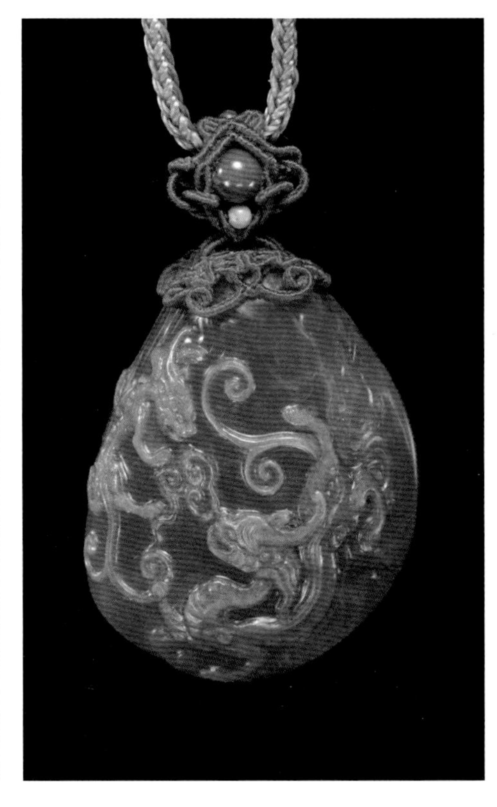

阿峰作　橘皮黄田黄石螭龙挂件　23.5克

（五）配饰

近年来，田黄石的产量不断下降，最多产出的也仅是10克左右的“田黄仔”，体量过小，让这类小料难以用于整体的创作，且由于田黄石的文化影响力日趋提升，不少人将田黄视为一种装饰类的宝玉石材质。因而这类田黄小料，也就有收藏爱好者。由于田黄石质地娇嫩，与金属长期磕碰容易出现磨损，所以少见制作戒面、耳坠的情况。当下最流行的方式是挑选质地佳美，大小相当的田黄小料，加以打孔，并编绳串联，作为手串、配饰，这一形制既能避免损坏，又可达到装饰效果。随着喜爱田黄的人群逐渐年轻化，这样的田黄配饰无论从形式上还是价位上，都让一般大众更为容易接受，颇受市场喜爱。

二、田黄石施加的工艺种类

明末清初田黄石就被视为是一种极端珍贵的宝石，近400年来其地位始终如一。田黄石的这种特别的属性，让拥有者们对其不敢怠慢，因此就自然而然得以搭载了每个时代最为成熟的形制和精湛的工艺。这些精巧的工艺被人们称之为“田黄工”。通常认为“田黄工”集时代工艺精华于一身，因而是在寿山石雕刻体系中起到了最为重要的支撑作用。本节将结合现存的田黄石浮雕件、薄意雕件、钮雕件、圆雕件，对其整体发展作出一些简述。

（一）浮雕

在避免掏挖、破形的田黄石材质上，对石材重量、形状损耗最小的高浮雕和薄意工艺均是一般雕刻者的首选。田黄石雕刻高浮雕的风潮流行于清代，早期受到砚雕影响，清代初期的高浮雕，如董沧门制《恭亲王田黄龙凤对章》就是其中的佼佼者，这件作品用刀畅达，风格华丽，但显然并非福州本地雕石艺人的传统风格，而倾向于砚雕手法。

董沧门刻　恭亲王用明坑田黄石龙凤对章

清　田黄石浮雕　八仙上寿印章
上海博物馆

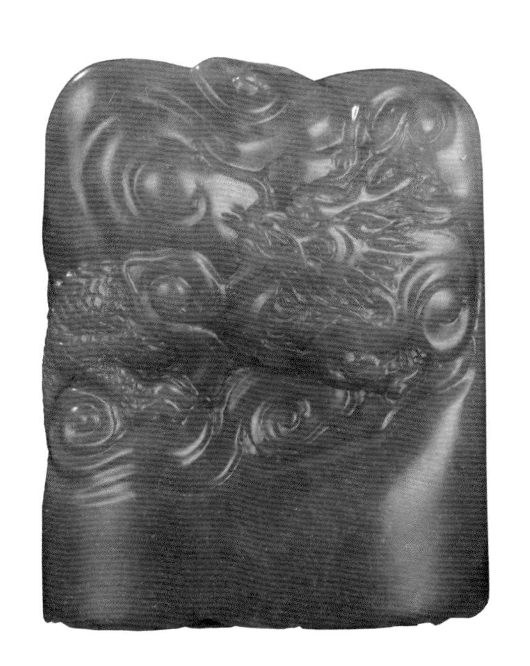

清　田黄冻石云龙纹浮雕椭圆章
30.9克

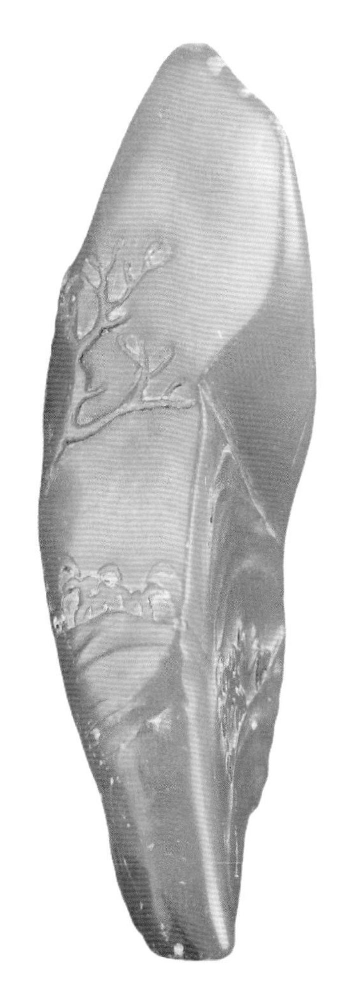

清末民初　田黄石薄意山水人物随形章材
福建博物院　藏

清代中期，竹刻、牙雕等南匠风格对寿山石雕刻影响较大，表现为田黄石印章上也出现了清代竹刻、玉石笔筒形制的浮雕形象，最为典型的田黄石浮雕作品为上海博物馆所藏的《八仙上寿》田黄石浮雕方章。这些浮雕作品，都有材积阔大、工艺精湛、所刻题材重吉庆富贵的特征，可见当时人们对其定位是大富大贵之家的专有之物。

清代的田黄石浮雕作品，发展到晚清至民国时期，就逐渐变化为耗材更少的薄意雕技法。两者之间的区别，从较为直白的角度上说，主要在于刻层的深浅，传统薄意雕刻中，刻层的厚度不多于1.5厘米，而传统浮雕是没有这一限制的。换句话说，浮雕以“富贵气象”和“工艺美感”为先，而薄意雕以“文人雅”和保存材质为创作核心。晚清时期田黄出产寥寥，一度还有“石荒”，这就决定了薄意雕这一技法在保护田黄石重量的方面，有着得天独厚的优势。

随着田黄石在交易流通中身价越发高昂，其资产属性决定了薄意雕这种更为经济的雕刻技法将替代浮雕雕刻，成为田黄石雕刻中的主流选择，浮雕手法因而一度走向衰弱，直到20世纪末的田黄石热潮再度出现时，大量出产的田黄石需要以留皮雕刻进行创作，这才让高浮雕手法在田黄石这一材质上重获新生。如上坂所出的“银裹金”田石等，其石皮较厚，1.5厘米无法刻透时，为留住石皮，且能物尽其用，雕刻艺人就倾向以高浮雕手法进行创作。

（二）薄意雕

“薄意”之概念，首创于清末民国时期活跃的福州“西门派”雕刻艺人林清卿，他继承师门的高浮雕技法，融入以书画元素，在继“西门派”前人的高浮雕基础上，开辟了一独一无二的艺术表现形式。薄意雕在田采田黄石上最能够呈现出工艺效果，因其未经水流磨圆而多棱角，而林清卿又因长年习雕刻与绘画两门艺术，因此深谙平面与立体的转化之道，他的薄意雕手法，往往能够随着田黄石本身的棱角、造型做个性化的设计，巧妙地将原本田采石上的凹凸不平，筋格皮纹，全转变为山水崖岸，通过递进布置种种元素，令整体画面具备立体感和远景、近景之分，大大提升其表现力，颇有3D视觉之感。

林清卿以“薄意”技巧之刻田黄石，不仅具有诗情画意，且在构造布局上也极尽奇巧，因而收藏家收罗之后，都引为至宝，鲜有在市场上流通的情况。林清卿的“薄意”技术，流传后世，成为福州“西门派”的代表性雕刻手法。

受到林清卿的影响，当时私淑其技艺者甚多，其中最为人所熟知的是王雷霆、王炎佺、林其俤，他们大多有作为林清卿助手进行雕刻工作的经历，在后世也被认为是继承林清卿雕刻衣钵的“西门派”子弟。王雷霆由于原本是木雕艺人，擅于刻气势磅礴的山水类、吉庆类薄意，今福州雕刻工艺品总厂的厂属艺术馆藏中，还有两件他所刻的山水类作品，其雕刻水平令人惊叹。王炎佺则更精于花鸟类题材。林其俤作为“西门派”传人，所刻田黄石作品反不如其子福建省工艺美术大师林文举为多。这是由于林文举本人创作成熟期恰逢寿山田黄石的高产时代，有其父无法超越的时代条件所致。

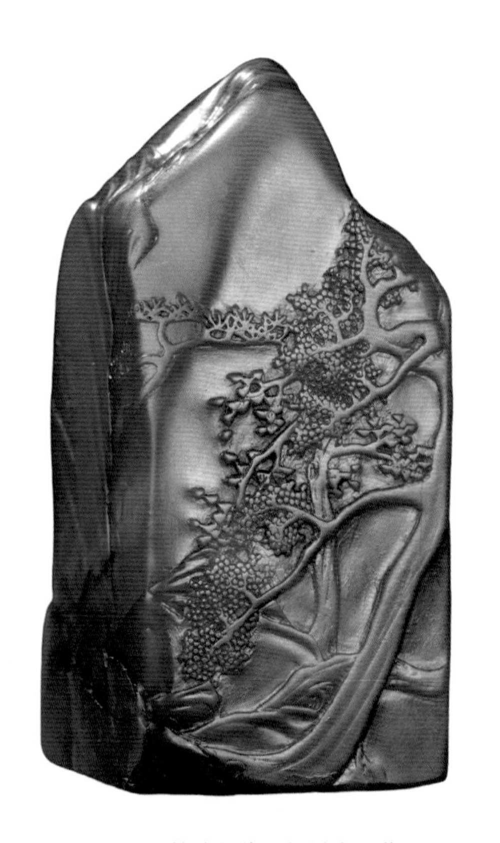

民国　林清卿作　郭懋介旧藏
田黄石　山水薄意章

薄意雕的影响力之大，是超越了门派之别的。在当时，连圆雕较多的“东门派”中，也有不少人对薄意雕刻进行钻研，“东门派”雕刻大师林寿煁曾对这一技艺进行研习，并结合东门派雕刻手法创作出了一系列经典之作，林寿煁所刻“薄意”为后来的“东门派”雕刻艺人进行这类创作奠定了基础，可以说是“东西合流”大潮下的一位佼佼者。

与林寿煁相似出身的当代寿山石雕刻巨匠郭懋介，虽为“东门子弟”，但也以在田黄上创作的“郭氏薄意”驰名天下。郭懋介大师早年投入“东门派”学艺，但因时代原因，晚年才开始真正专注于雕刻，其创作期几乎与当时百年难遇田黄石的丰产期重合，故其代表作多为田黄石。可以说，正是一件件技艺精湛、材质昂贵的田黄巨制，成就了其在寿山石雕刻领域不可动摇的地位。

也正因郭懋介在涉足田黄雕刻的时代出于寿山村的田黄丰产期，因此郭懋介所刻田黄，一般材质完好，体量较大，且多溪田，故此在造型上，不似林清卿一般需要步步为营，其作品气质高雅，倾向于保材，为展现视觉效果的冲击力，其创作特征中绘画性胜于雕刻性。由

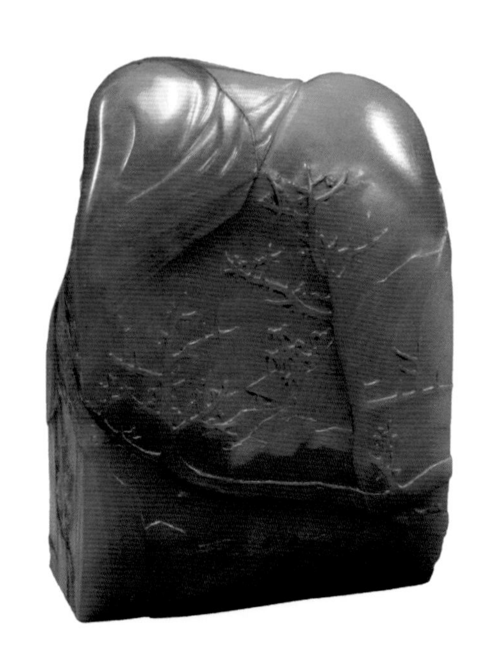

当代　王雷霆作　田黄石山水薄意章
116克
福州雕刻工艺品总厂　藏

于郭懋介本人有颇高的文化修养，因此所刻题材多为《山居》《文会图》或《归牧》一类题材，亦符合时代的审美趣味，广受国内外收藏者的欢迎。

郭懋介在田黄薄意雕刻技法的发展中，为后人留下的，最为宝贵的研究成果是其对“留皮雕刻”的心得。他在《郭石卿雕刻艺术》一书中提到在对乌鸦皮田黄雕刻时的方法，着重讲到如何“聚色”，对于后世田黄石薄意雕刻乃至寿山石薄意雕刻者，都产生了深远的影响。

由于“东门”“西门”二宗的薄意雕刻，在当代已经汇聚合流，尤其是林文举在1994年出版的《薄意雕刻》一书中，将薄意雕刻的手法悉数公之于众，此后薄意雕刻就不再为此二宗的传人所独有，而是有较好的传统绘画功底以及审美格调者均可进行创作了。当下雕刻田黄石薄意印章较多的，当属福建省工艺美术大师郑世斌，但其并非“西门”或“东门”雕刻者的再传弟子，而是具有系统性美术专业知识的学院派雕刻家，其取材相对于传统薄意更为广泛，也具备比较清晰的个人风貌。

薄意雕手法一般运用在山子、摆件和印章件的雕刻中，在文房件或配饰、圆雕中基本不使用。

当代　郭懋介作　田黄石
山居六逸　摆件
52.8克

（三）钮雕

田黄石的雕刻工艺并非最开始就像现在主流的随形、留皮，而是随着年代有所改变。明末清初的田黄，多切印章，起印台，并且石皮一般全部剥掉。传世的老田中，器型整饬的居多，拍场上的素章、六面平、钮章这类耗材的形制，出于清代者比比皆是。

2016年，前来福建进行展览的故宫珍藏清代帝王所用的宝玺中，几件田黄大章，都是色调橘黄、体量巨大的熟田印章，都令人印象深刻。其材质的巨大，远超乎今人的认知。当时的田黄雕刻均是不惜工本之作，这一点从杨玉璇所作的子母狮钮田黄巨玺（章料）上可见，且印钮所雕刻的兽类四周都需要让出一圈台面。一些传世较久的古代田黄石印章，会出现兽钮躯体边缘紧贴印台的情况，一般认为是创作年代稍晚，时风更迭的结果。还有一种可能，就是原作时代较早，但已经在经历多次篆刻后磨掉边款、印面所致，并非工艺施为造成的结果。由此不难看出早期清代的钮雕工艺手法，在流程上依旧是要严格遵循古制，随形起台式的钮雕尚不受主流认可。

清　田黄冻石鱼钮章
35克

明末时期，寿山石雕刻受到福建的铜铸造像、德化瓷塑、漳窑瓷塑的影响，这些特征都可在当时的“田黄工”中见到。如寒舍所藏田黄石仙人御象钮，就是“田黄工”撷取德化瓷塑题材、形制并加以变化后的经典名作。

清代后期直到民国时期，用田黄雕刻这种整饬的印台就渐渐变少。越来越多的田黄印钮作自然台，并且在构图上多半是把印台铺满，一分一毫也不肯浪费。清代中早期那种为了造型而舍料的情形也不常见了。20世纪80年代后，田黄石钮工几乎绝迹，皆因田黄石名气如日中天，且多以克论价，从前用料靡费的“平台”“舍料”在这一材质上已成为一种奢望。是以清晚期左右的收藏家，如有对田黄钮工有所要求，或在意印章的规制者，往往就会选择古代田黄而非当时新刻的田黄石。如吴昌硕所用《田黄十二印》中，除一方椭圆，其余十一方均为正方印，从钮式的整饬程度和工艺特征看来，多为古田黄所刻，就是对这类选择偏好的一种典型范例。

（四）圆雕

田黄石圆雕与一般圆雕手法无异，分为人物圆雕与动物圆雕，人物早期多用于制作仙佛造像，如故宫博物院藏杨玉璇刻田黄石嵌宝观音、周尚均刻布袋和尚、马志玲旧藏的田黄罗汉像、陈国和藏田黄汉钟离像均在此列。这类田黄石圆雕，线条整洁，塑形清爽独立，肢体写实、自然，无牵无挂，除表达人物身体形象外，少有外部依、靠等情况，技法上以尖刀、圆刀并用，作品多以墨汁描眉画眼，增加发色。装饰手法上，则多于衣领、冠带嵌宝，或刻花描金。清代亦有田黄石雕刻的俗人像，但至今一级文物级别的精品，只见于苏州博物馆的《田黄老人》，除此之外极少见到。动物圆雕方面，则多为瑞兽，躯体以写实居多，由于人们对田黄石“六德”的熟悉和追崇，让许多人青睐田黄石亲人的触感，故这一技法也被广泛用于把件、文镇的雕刻里。明清时期所刻动物圆雕多躯体饱满，工艺精致，细节、肌体方面的营造远胜于同时期的玉雕作品。今苏州博物馆藏清代田黄琢卧马，就较之同时代宫廷的玉卧马鲜活灵动，高度的写实性非软性宝石而不可为之。

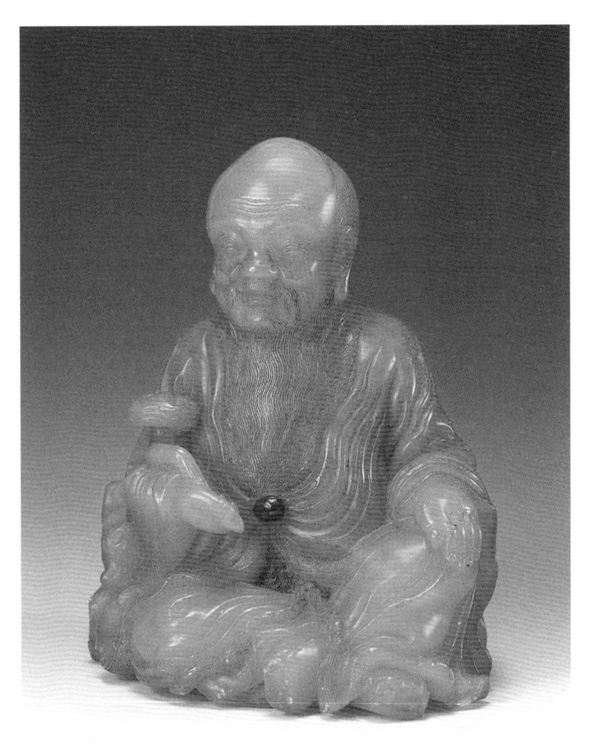

清　田黄老人
苏州博物馆　藏

当代　林飞作　田黄石
笑口常开　弥勒圆雕
32克

田黄琢卧马
苏州博物馆　藏

清代中晚期，由于田黄产量下跌后，印章开始走向随形风格，这种“惜材”也影响到了圆雕的风格，雕刻艺人们挖空心思，尽可能利用一切可用的田黄石料创造视觉奇迹。台北故宫博物院中藏有清末的一件田黄石罗汉摆件，正面饱满端正，但侧面仅掌缘厚薄。20世纪50年代后，随着田黄热度的攀升，其价值与克重息息相关，故大部分的圆雕作品，都开始逐渐“随形”。很多雕刻工艺上，都不做掏挖，大大考验雕刻者的功力。人物坐卧、耸肩、趴伏、躬身、团抱这类的造型越来越常见，普遍呈现出一种向内压缩式的形态。比较舒展的形象里，弥勒造型居多，郭懋介、林飞等雕刻大师，都刻过田黄弥勒。这主要是因为弥勒身材胖大，塑造形象时对块面的保留可以更完整展现材质的缘故。如遇到筋、格者，就会以造型掩藏，如手足的掌纹，或衣袍的折痕等。这时期由于田黄石本身已经凌驾于大量传统的软性宝石，人们热衷于欣赏田黄石的材质之美，因此在圆雕技艺的施为上也有所变化，主要表现为雕刻中不再镂刻，亦杜绝刻花或染色，更不再做镶嵌，雕刻上则尚圆刀施为，以保全其把玩时舒适的手感。

三、田黄的篆刻

田黄石的玩赏之风兴起于明朝晚期，此时田黄石主要流行于福建，由于地域原因，未能与当时活跃在江浙一带的篆刻家产生过多交集。早于这一时期出现的明坑田黄，即便作为印石被使用，但也常因明中期前后，多数篆刻者仍为工匠，篆印水平不高而被后人磨去痕迹，由后来者重新篆刻。时至今日，能够明确为明代篆刻的田黄印凤毛麟角，几乎从不出现在大众视野之中，许多明坑田黄还会有尺寸比例怪异的情况，一般就是篆刻被后来者磨去造成的。田黄石如出现明代中期或以前风格者，则在习惯上认为其篆刻真伪有需进行仔细辨别之必要。

田黄石的篆刻历史的梳理宜从清代初期开始。清代田黄印的篆刻分为两种，其一为宫廷篆刻，其二则为民间篆刻。宫廷篆刻一般遵循宫廷刻印的规矩，由皇帝下旨责成翰林学士写篆，皇帝御批下达修改意见，定案后再交由造办处刻成，或藏于深宫，或被下赐宗室。宫廷篆刻的价值主要来源于其所代表的皇家审美以及所承载的历史性，许多印文直刻颂圣辞藻，或帝王御制诗词等，其印文内容的价值、印主身份，都远大于篆刻的美感本身。譬如，著名的《鸳锦云章》所刻就是乾隆本人喜爱的“杂体篆”，但这种篆刻在清代实际上是被认为不符合篆刻的传统审美的。

田黄石所制的帝王玺印，无论篆刻水平如何、印文是否风雅，均为无价之宝。同理，宗室用印也有类似的情况，印主身份是田黄石质地、体量、钮式工艺之外最大的价值支撑，而篆刻也是确证印主身份最为重要的内容。

民间篆刻则多为流派印，篆刻时间多集中在清代中晚期以后，这不仅是由于篆刻流派此时正处在勃兴的时期，也是田黄石印章的收藏者往往非富即贵，历来也不乏收藏者对原本印主所制田黄篆刻感到不满，令人磨去原印后再行篆刻本人名号。一些篆刻家在刻自用印时，也有所忌惮，甚至不愿使用田黄石。主要是担心后世得到，会因个人喜爱田黄石，而不喜自己所留的印面，将之磨去。因此能够留存在田黄石上的篆刻，多数是一次次覆盖后的结果，故后来者居上，成为其面对当下收藏者的最终面目。

民间篆刻又分为名印人自篆自用和名印人为他人所篆两种。前者是著名的印人篆刻后，用于个人收藏或实际日常使用；后者则是印人们为包括当时的文化名人、巨贾或世家子弟等收藏人群所刻。其篆刻的美感、技法水平、印主身份，三方面都会对作品产生直接影响。这种影响，有时候甚至是独立于田黄石材质和印饰工艺之外的。

清　吴昌硕　吴俊卿
西泠印社　藏

清　造办处用田黄素章篆刻印面
印文：乾隆年仿明仁殿纸

名印人自用印，以田黄篆刻者多为小印，材质也未必极佳。主要原因是许多篆刻家在当时属于底层文人，甚至出身于匠人群体，其经济条件本身并不宽裕，而田黄石在清代中期以后，身价高昂，是远非一般印人能够消费得起的奢侈品。如同样身为著名的流派印人，赵之谦生前就几乎没有田黄石自用印，所用的田黄印章材积有限，材质也不能说是上上之选。而当时在艺术上负有盛名，经济宽裕的吴昌硕，则多田黄石自用印，且印石的质地、钮式、材积都属上乘。

当遇到田黄石材质，是名印人自用印的情况下，提前阅知其生平，了解该印人篆刻此印时的经济状况，这对田黄石篆刻作品的收藏至关重要。如一件名印人的田黄自用印，边款恰显示是在其生前经济拮据的年份所作，则对此田黄石的材质、篆刻都要再进行详细辨认。倘若此时印人的经济环境较好，甚至颇有资产，则可以增加对其的信任度。

此外，由于清代印人多活跃于江浙、广东地区，与福建省有地域区隔，普通印人难以见到田黄石。有福建地区游历经验，或交游人群中有闽籍人士者，为自己篆田黄自用印的可能性更大。

田黄石的材质价值，造成了田黄印篆刻较少印人自用，而以文化、社会名流用印为主的特点。换言之，田黄石的原石有可能被商贾或寿山本地的采掘者所持有，但制印并篆刻后便转身成为一种具备文化属性的权贵符号。虽然如此，许多名流可以接触的真田黄石印章也十分有限，他们在托印人篆刻时，往往郑重其事，要求刻姓名印、斋馆印或鉴藏印，有部分人会刻别号印、书画印，这种自我彰显的意图与皇室篆刻的大部分田黄印用途不约而同。有部分人因经济实力强大，会以之篆刻闲章，以名石赋心情，以示品位高雅和身家的阔绰，闲章在田黄印章的篆刻中其实并非主流，但其珍稀性却也是值得重视的。

田黄石为载体的篆刻作品有时还会出现一些田黄石材质

上等，但篆刻水平拙劣的情况，这是因田黄石被篆刻水平不高者收藏进行自篆，也有审美水平不佳者，仅在意其材质价值购入，后又附庸风雅寻庸手为之。这种情况下，田黄石印章要么有一定体量，要么质地极好，要么在工艺上有名家雕刻，使人惊艳。后世因不愿减少田黄石的克重，或担心印章上的雕刻工艺被损耗，因此保留原本水平不佳的篆刻不予以磨除，虽然造成强烈对比却反而并不影响其整体价值，这也是一种田黄石印章才有的独特现象。

有篆刻的田黄，篆刻水平以及印文所指向的印主身份均是一个影响田黄石价值的重要指标。一般而言，收藏田黄者如追求名石、名工（指包含钮式或浮雕的印饰）又追求名人篆刻的情况下，就应尽量避免“捡漏”心理，更多考虑递传有序，多次出版的前辈藏家的珍品。因为能够兼具三者的田黄石篆刻印，无论是最初的印主，还是后来进行收藏的藏家，身份、涵养上势必高人一等。这样的田黄石藏品，是很难出现“漏”可让新手来捡，更大的可能性是为人所知，且存在许多潜在强势竞争对手的。

第五章 

田黄珍赏

田黄三联印
故宫博物院　藏

寿山石雕观音
故宫博物院　藏

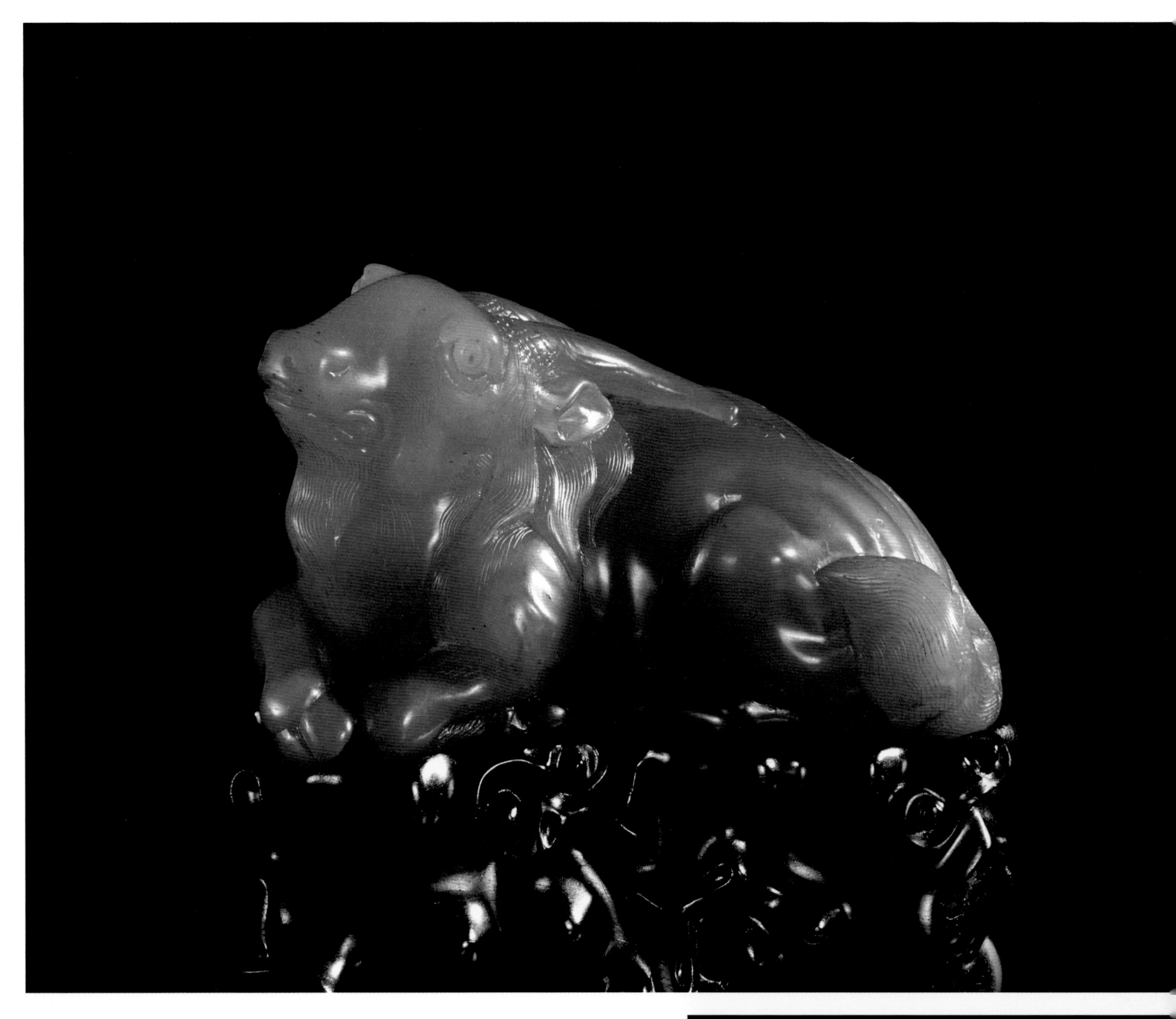

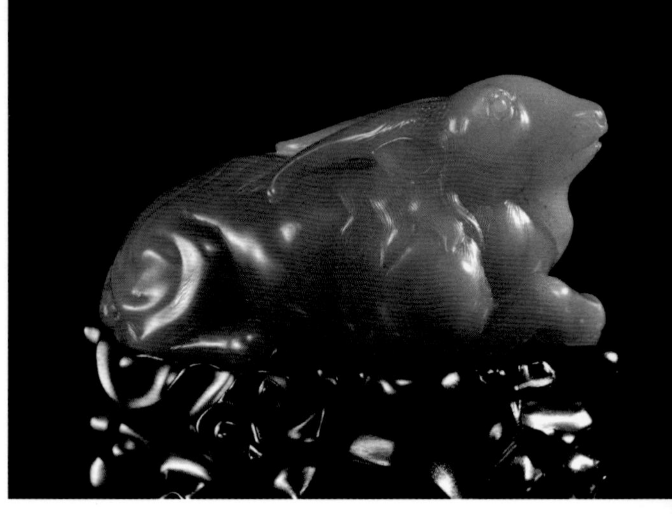

明末清初　杨玉璇作　田黄石神羊
上海博物馆　藏

清　田黄老人
苏州博物馆　藏

浮雕八仙上寿钮
上海博物馆　藏

明末清初　田黄石
异兽书镇
台北故宫博物院　藏

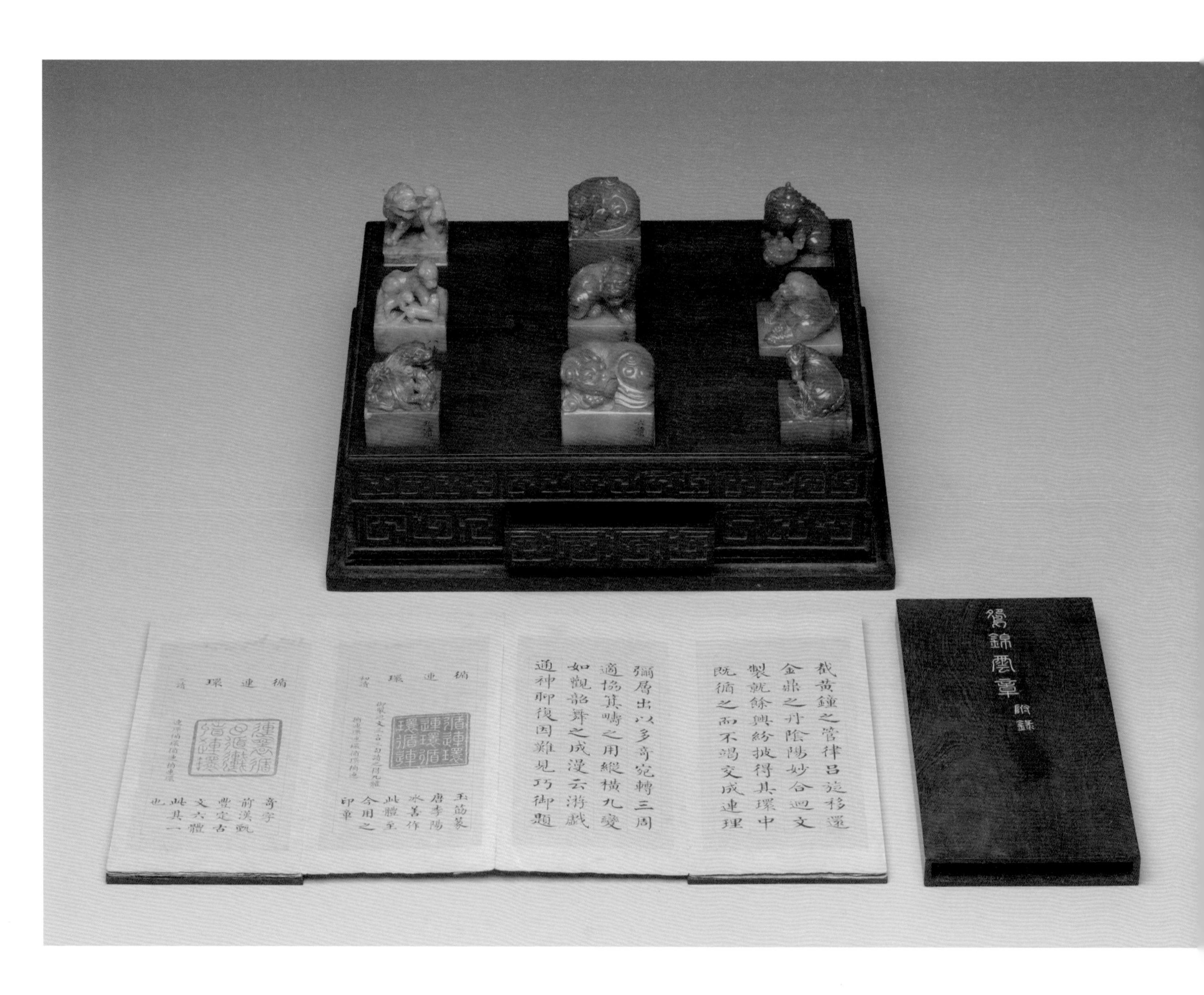

清乾隆　雕兽钮
循连环田黄印　鸳锦云章
台北故宫博物院　藏

如南山寿山石

天津博物馆　藏

玉璇款田黄石伏虎罗汉 >
故宫博物院　藏

田黄石卧虎
故宫博物院　藏

线刻纪芳图钮
上海博物馆　藏

印文：田黄石“嘉庆宸翰”方印
故宫博物院　藏

印文：田黄石“几暇临池”方印
故宫博物院　藏

印文：田黄石“菑畲经训”长方印
故宫博物院　藏

田黄石“嘉庆宸翰”方印
故宫博物院　藏

田黄寿山石卧兽钮“所宝惟贤”印
故宫博物院　藏

田黄寿山石双鸟钮“德日新”印
故宫博物院　藏

民国　林清卿作　薄意方形寿山田黄石山子
“梅雀争春”
福州市博物馆　藏

田黄石兽钮长方章料
故宫博物院　藏

"卷石斋"独角兽钮田黄石章
故宫博物院　藏

清道光　多灵坑田黄坐像达摩
苏州博物馆　藏

清乾隆　雕兽钮循连环田黄印
初读

清乾隆　雕兽钮循连环田黄印
二读

清乾隆　雕兽钮循连环田黄印
三读

清乾隆　雕兽钮循连环田黄印
四读

清乾隆　雕兽钮循连环田黄印
五读

清乾隆　雕兽钮循连环田黄印
六读

清乾隆　雕兽钮循连环田黄印
九读

田黄石兽钮“克敬居”章
故宫博物院　藏

"合肥蒯氏自闻闻斋收藏印"田黄石章
故宫博物院　藏

"松风水月"兽钮田黄石章
故宫博物院　藏

"菩薛戒忧嬖塞员顿蒯寿枢"田黄石章
故宫博物院　藏

"丹凤来仪宇宙春中天雨露四时新人间好事惟忠孝臣报君恩子报亲"
随形田黄石章
故宫博物院　藏

清　“陶冶性灵”石章
上海博物馆　藏

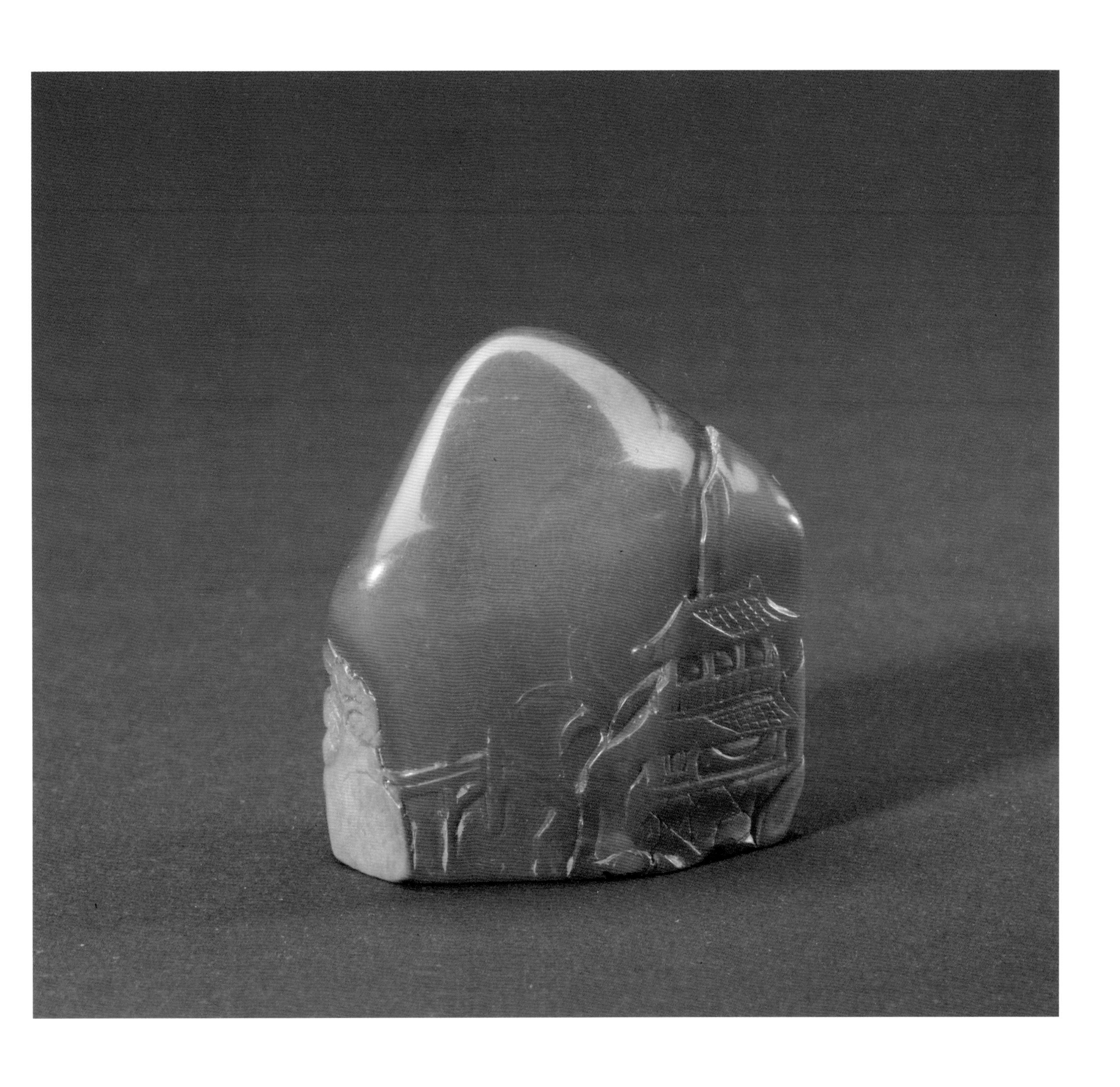

山水薄意随形印
上海博物馆　藏

双兔祈子
上海博物馆　藏

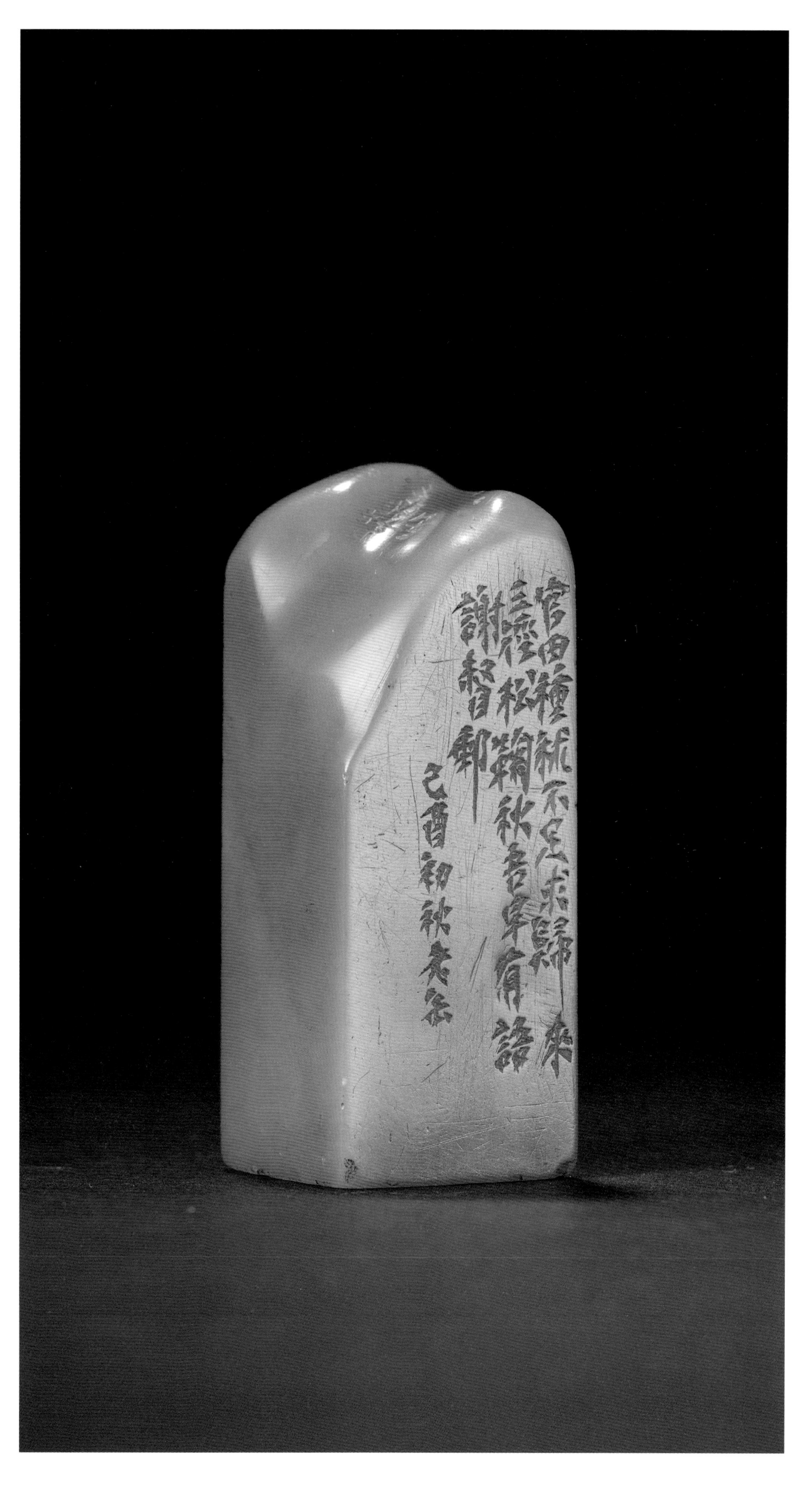

吴昌硕　弃官先彭泽令五十日
西泠印社　藏

吴昌硕　一月安东令
西泠印社　藏

清　螭钮田黄印
武汉博物馆　藏

清　兽钮田黄石印章
武汉博物馆　藏

明坑独角兽钮椭圆朱文印面
“汲古行个绠”田黄章（印面）
苏州博物馆　藏

明坑狮钮白文印面“护封”田黄（印面）
苏州博物馆　藏

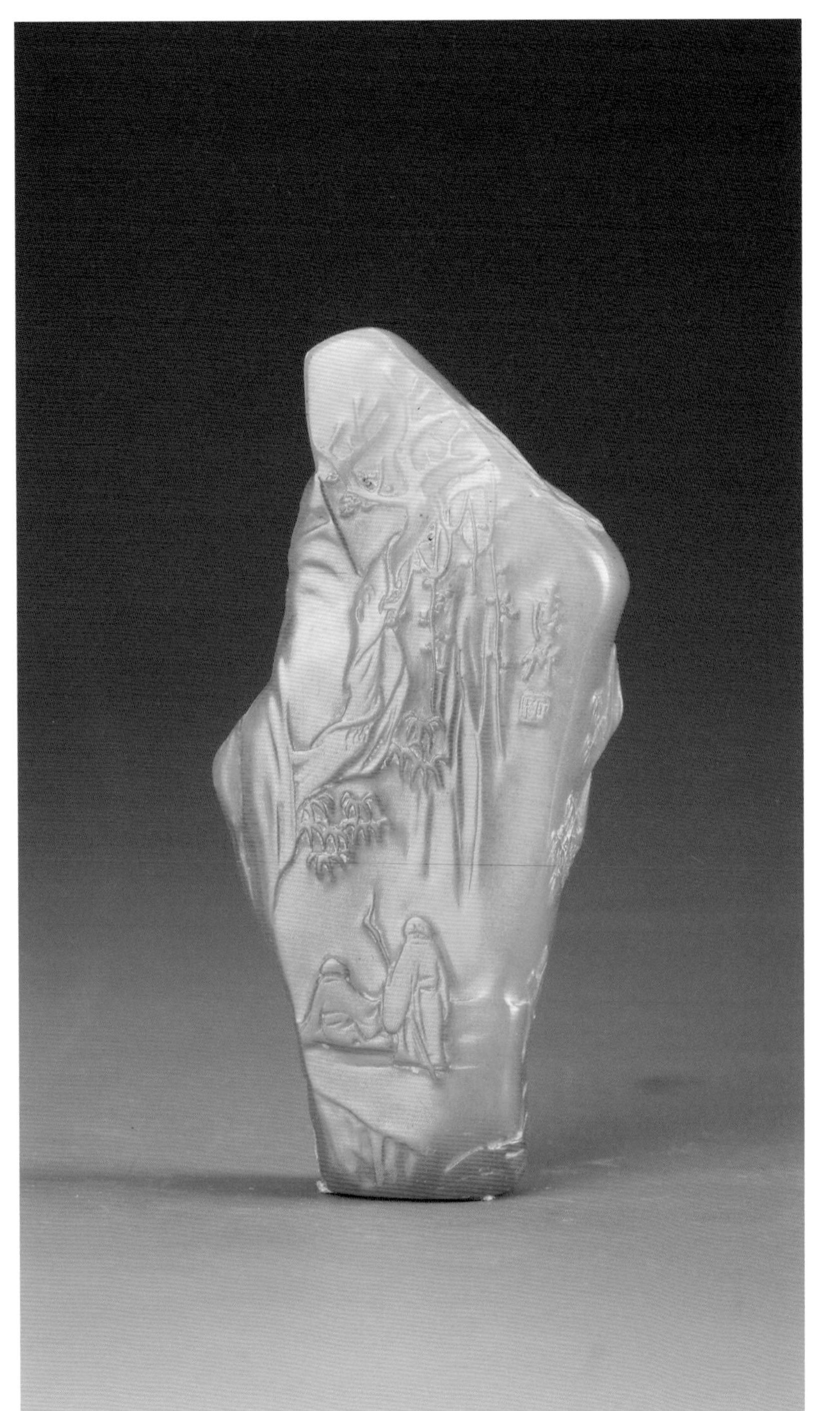

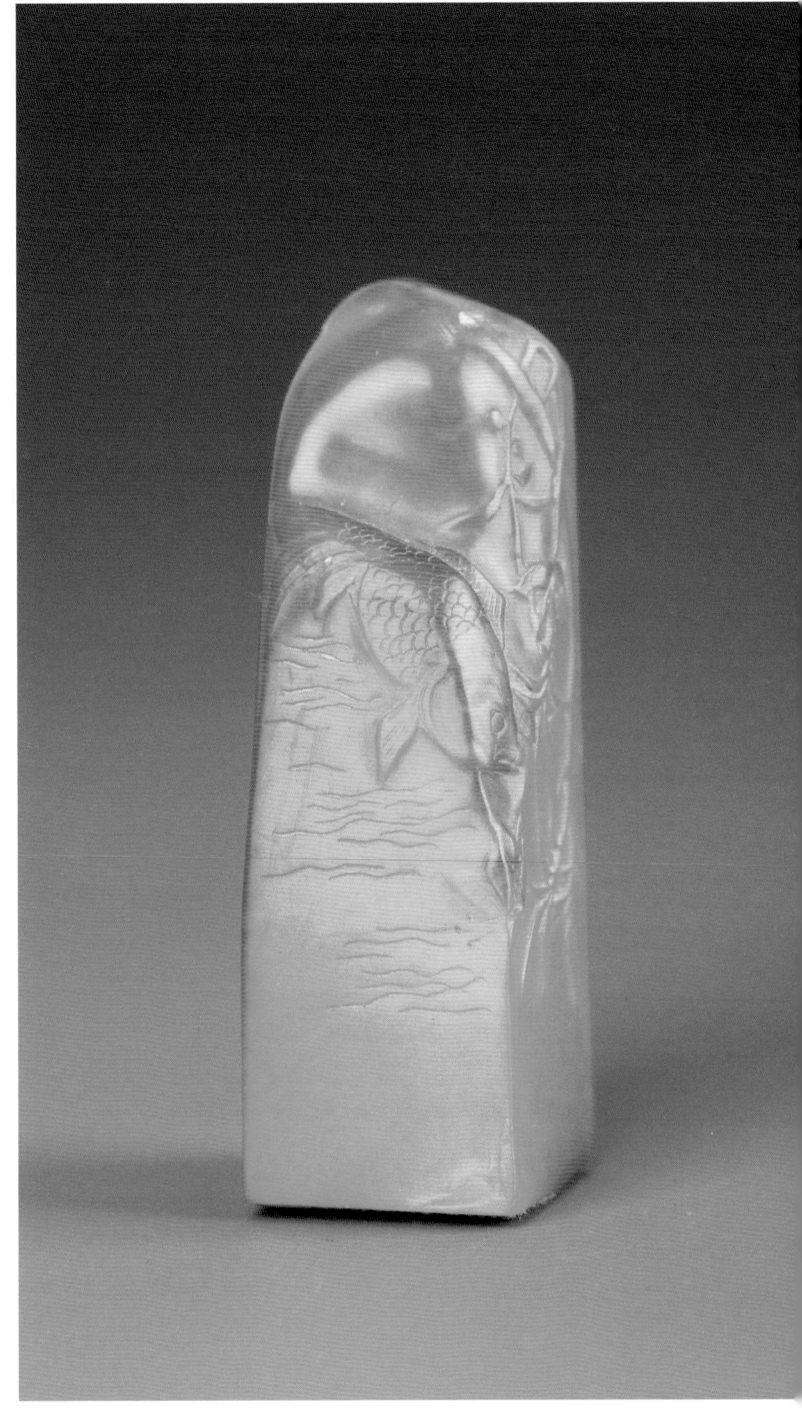

民国　林清卿作　山水人物
板溪田黄天然扁方章材
福建博物院　藏

民国　林清卿作　薄意鱼草
田黄方章材　14.18克
福建博物院　藏

民国　林清卿作　薄意美人柳
田黄方章材　26.97克
福建博物院　藏

民国　林清卿作　巧色薄意花卉
田黄方章材　24克
福建博物院　藏

明末清初　杨玉璇作　狮钮田黄方章
福建博物院　藏

清　“默澄空无昧身”田黄六方章
64克
福建博物院　藏

清　薄意梅竹田黄天然章材
福建博物院　藏

清　薄意山水人物田黄天然章材
福建博物院　藏

清末　田黄方形章材
福建博物院　藏

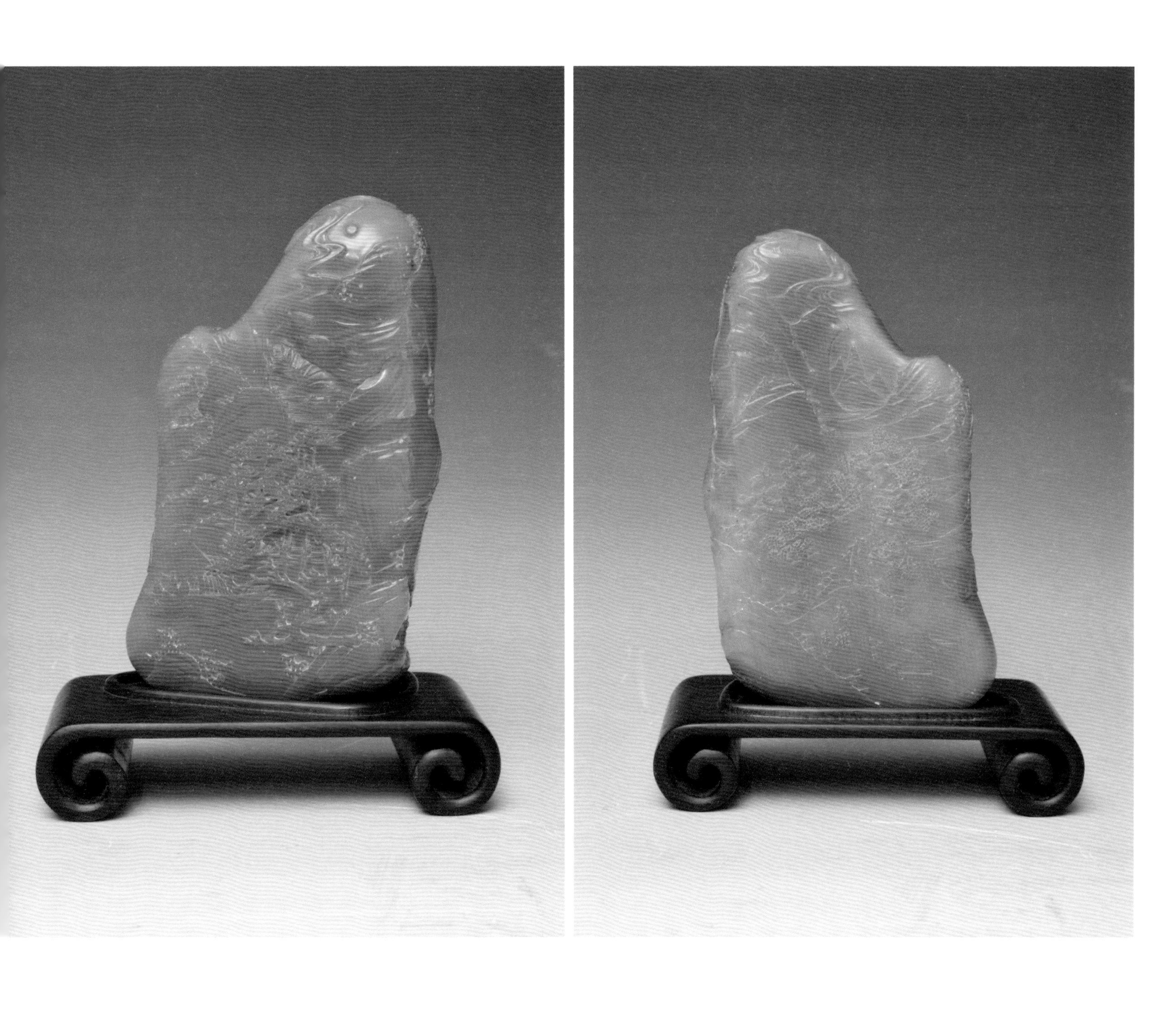

当代　林寿煁作　薄意雕夜游赤壁图
随形寿山田黄石山子
福州市博物馆　藏

清　董沧门作
恭亲王旧藏田黄龙凤浮雕对章

这对罕见的明坑田黄石丝纹清晰，雕刻夔化龙凤，因留有细腻的石皮痕迹，在古代田黄石雕刻件中甚为罕见。龙凤章上落“沧门”款，系明末清初闽中砚雕巧匠董汉禹之表字。据记载，董沧门精治砚，工篆刻，擅写松竹，与魏汝奋、杨玉璇齐名。林佶字吉人，号鹿原，别号紫微内史，康熙五十一年（1712）进士，官中书舍人。印文“皇六子和硕恭亲王”指清光绪时期宫廷中枢首脑人物爱新觉罗·奕䜣，足见这对印章在制成后得到皇室的青睐，侧面反映出在数百年的时间中，田黄石已从名仕玩赏之物逐渐成为至高权力者的尤物之一。

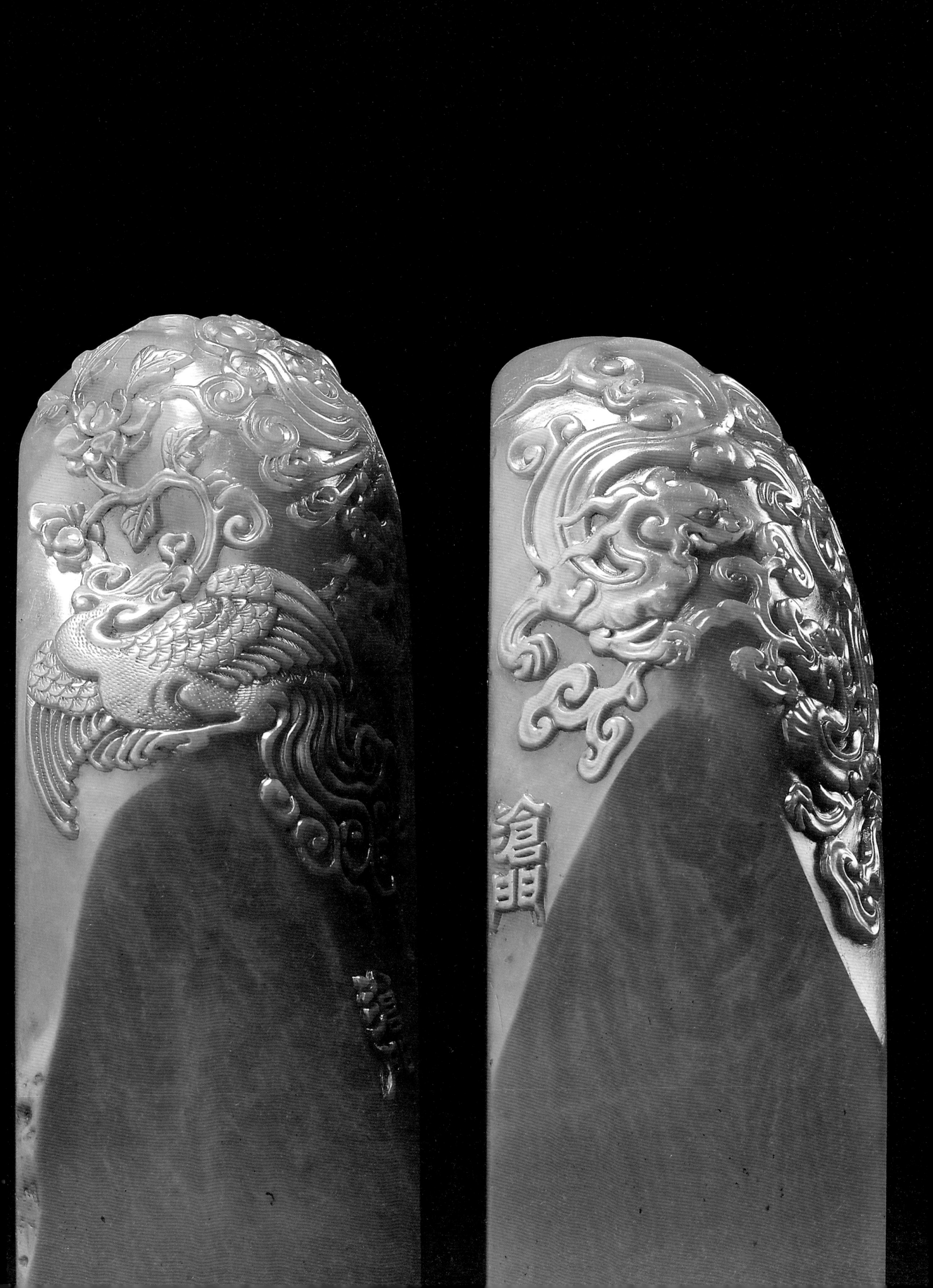

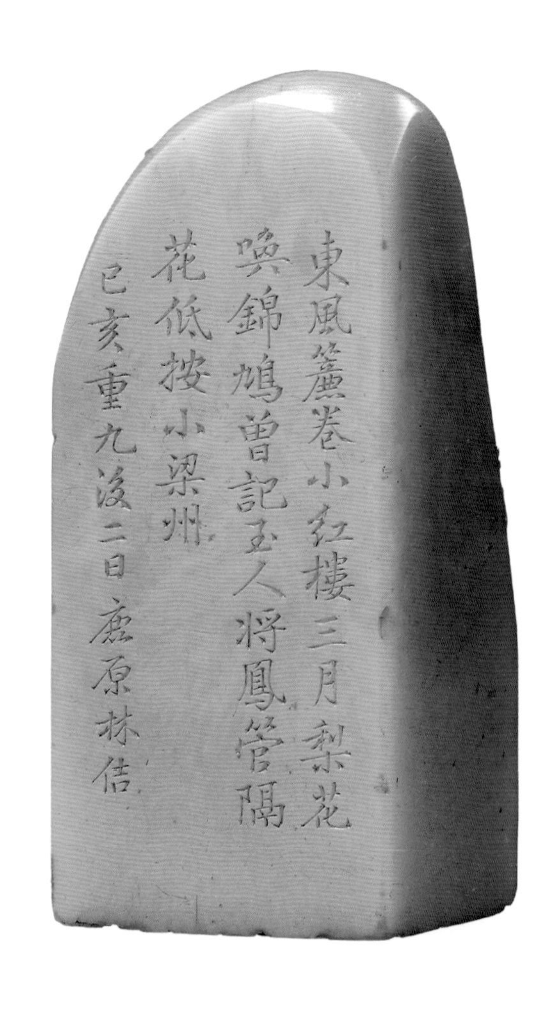

凤章边款：
夕云敛余晖，稍稍归鸟集。清磬林际浮，樵歌峰外急。怀人南斗边，露下银汉湿。瑶草春复生，深山共谁拾。紫微内史。
印文：御赐为国藩辅
重量：205.1克

龙章边款：
东风帘卷小红楼，三月梨花唤锦鸠。曾记玉人将凤管，隔花低按小梁州。己亥重九后二日，鹿原林佶。
印文：皇六子和硕恭亲王
重量：208.1克

当代　郭懋介作
赤壁夜游　田黄石薄意摆件

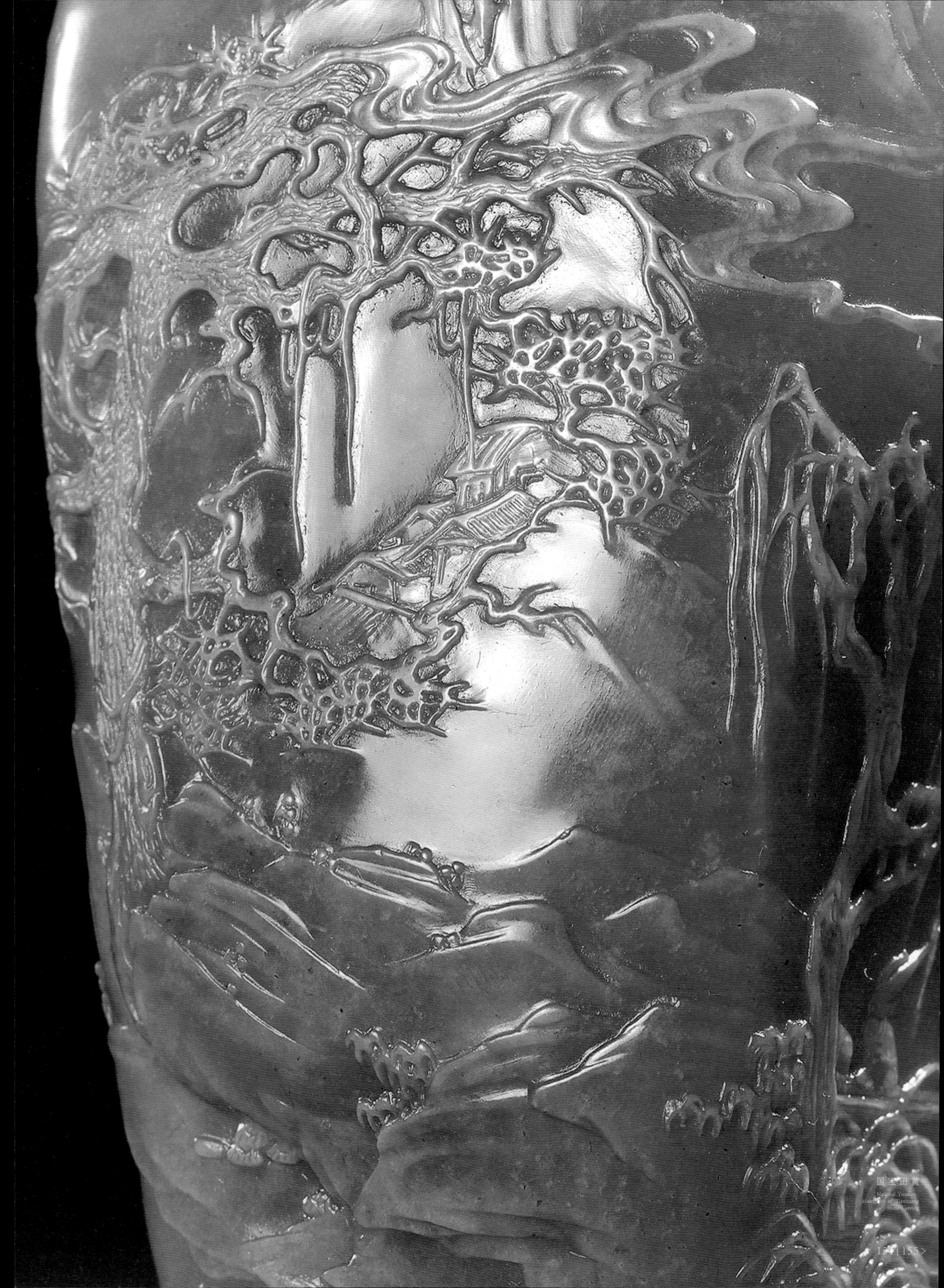

这件田黄石薄意摆件重达340克，质地致密，整体呈自然的近椭球状，圆润饱满，是典型的溪采卵形田黄石特征。其部分表面包裹有细腻的黄色石皮，与肌理界线分明，石体呈均匀的黄金黄，浓艳欲滴，萝卜丝纹隐现其中，可见其质地极为老熟，是难得的珍品。这枚田黄石由中国工艺美术大师郭懋介（石卿）以“夜游赤壁”为题材进行创作，巧用皮、格、丝三相，构思极端巧妙。这件满工“薄意”之作，当初横空出世，震动业界，因其工艺水平而于当世田黄艺术品中独占鳌头。

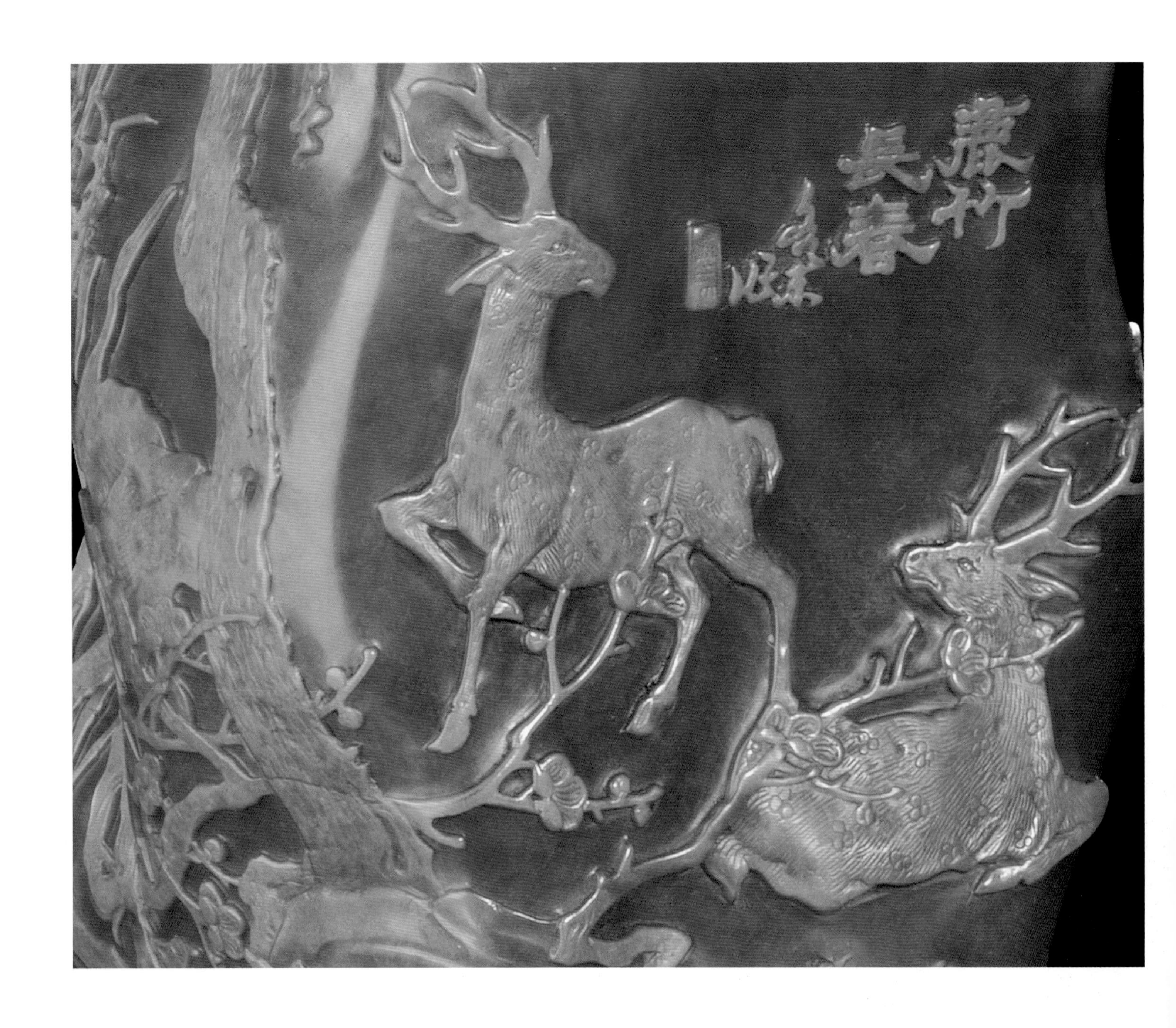

当代　林文举作　寿山橘皮红 田黄冻石 >
鹿竹长春　薄意摆件　618克
款识："红杏枝头春意闹""鹿竹长春""寒梅早开三分春""鸣春"

《鹿竹长春》是一件知名度很高的田黄石薄意艺术品，石形饱满，色泽深沉内敛，内质脂密，抚之温润犹如凝脂，萝卜丝纹隐现可见。且通体筋格不显，边缘呈现圆弧状，品相极佳，带有典型的中坂产正田的特征。由福建省工艺美术大师林文举刻春意图景，既有松、竹、杏花，又有鸣鸟卧鹿，巧思妙构，意趣盎然，可谓工材俱佳，难能可贵。

鹿竹長春

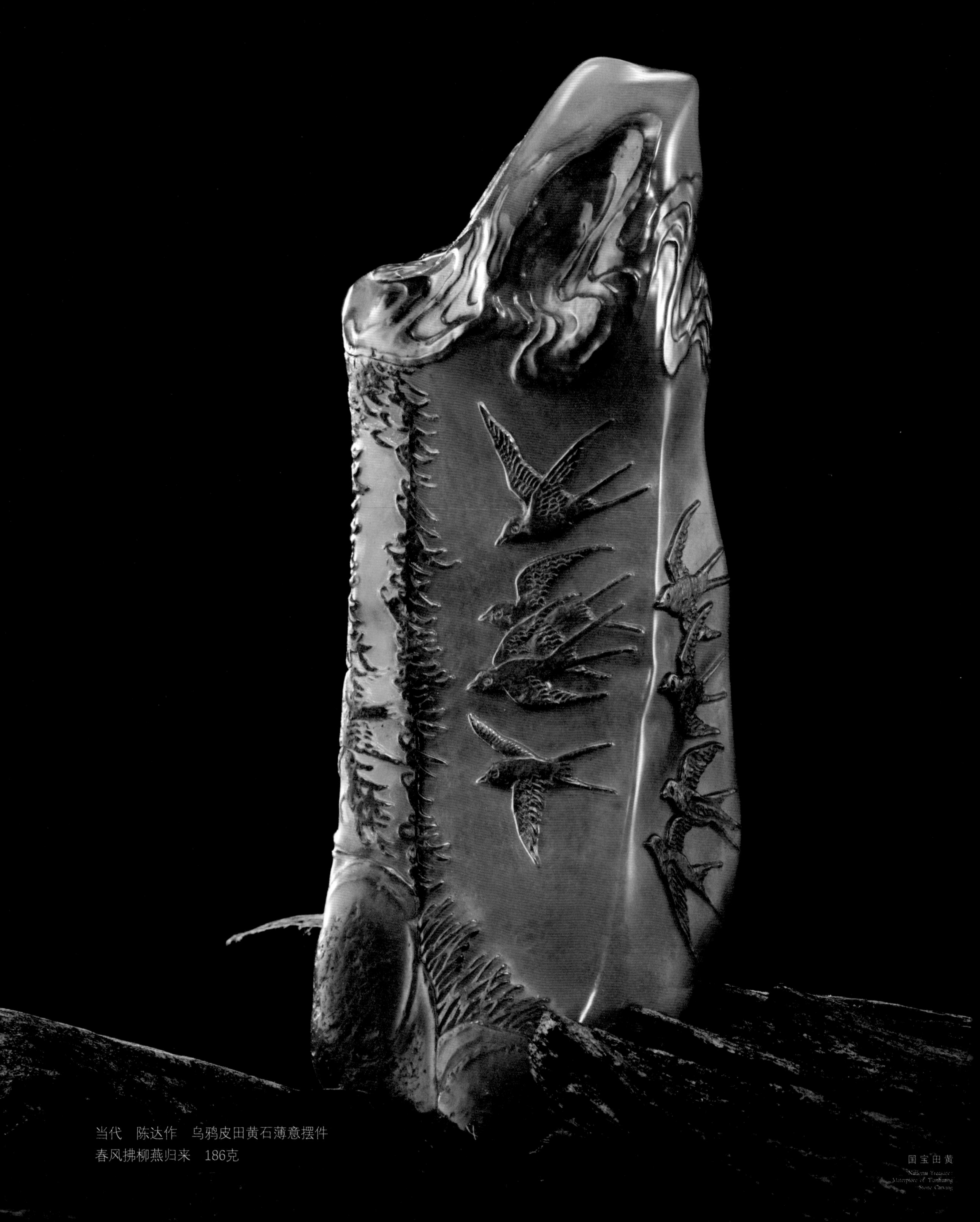

当代　陈达作　乌鸦皮田黄石薄意摆件
春风拂柳燕归来　186克

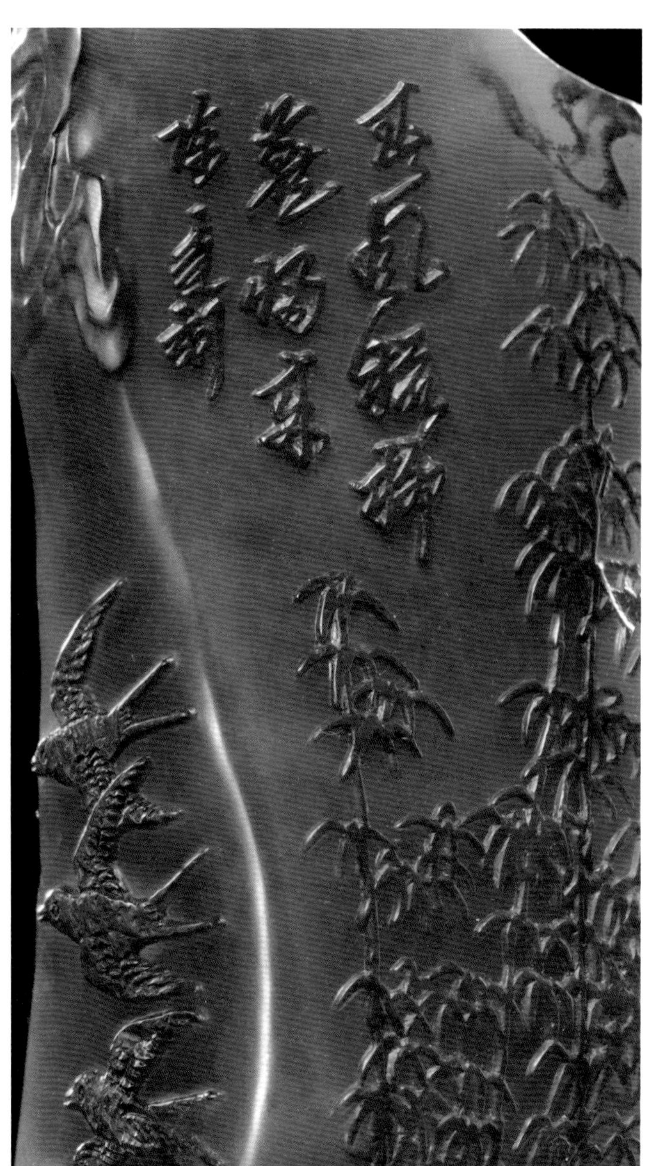

乌鸦皮田黄石一般出现在寿山溪水流弯曲处的淤泥环境里，在田土中掘出也属可贵。由于其价值珍贵，这枚乌鸦皮田黄石掘出后近20年都未雕刻，2023年才由雕刻名家陈达以“留皮雕”手法，将黑色乌鸦皮作为墨色，刻为一幅水墨气息的柳枝飞燕图，并题以“春风拂柳燕归来”句。雕刻后石体露出，可见凝如琥珀，温润老熟的石肉，丝纹飘逸清丽，同时呈现出典型的橘皮黄色彩。

当代　郑世斌作　田黄石
溪山秀色　182克

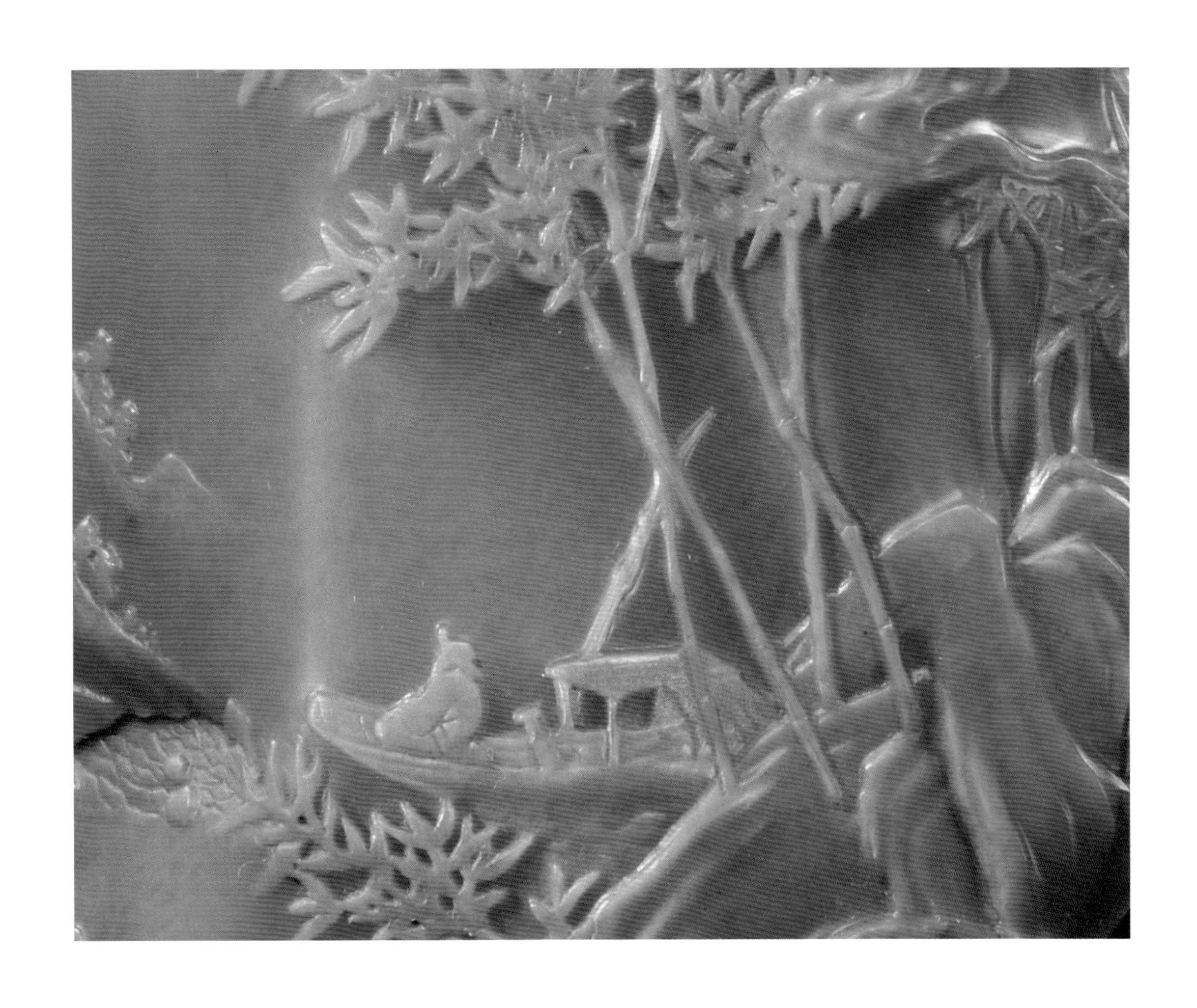

这枚《溪山秀色》田黄石作品的原石重达200克左右，是典型的中坂溪田，刚采掘出时全石都被细腻的石皮包裹，用强光透照，其中的光晕泛红，石材的边缘是不规律的弧形，天然利于施加工艺，且不必耗材太多。经过“留皮”雕刻之后，不但保留了部分细腻的石皮，也露出了纯净、凝结的“石肉”。由于恰到好处地去除了石皮包裹，展现出了清晰飘逸的萝卜丝纹，与工艺相得益彰的上乘质感。这件182克的田黄雕刻艺术品，较之原石仅仅消耗了20克左右的石材，即产生了“四两拨千斤”的提升效果。由此也可看出薄意技艺的运用，对于田黄石这种贵重材质的重要性。

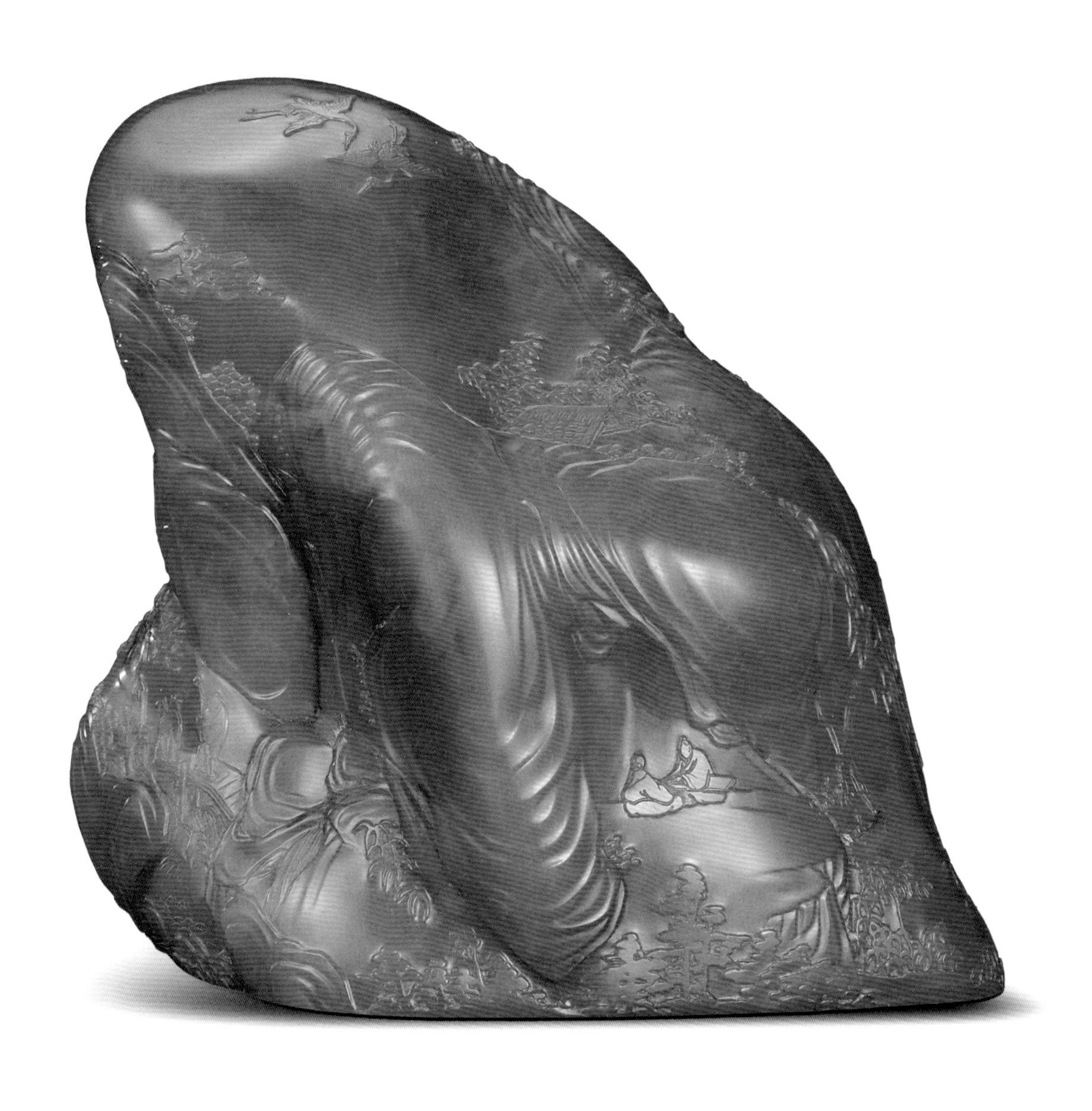

当代 郑世斌作 田黄石
香山九老　薄意随形章
636克

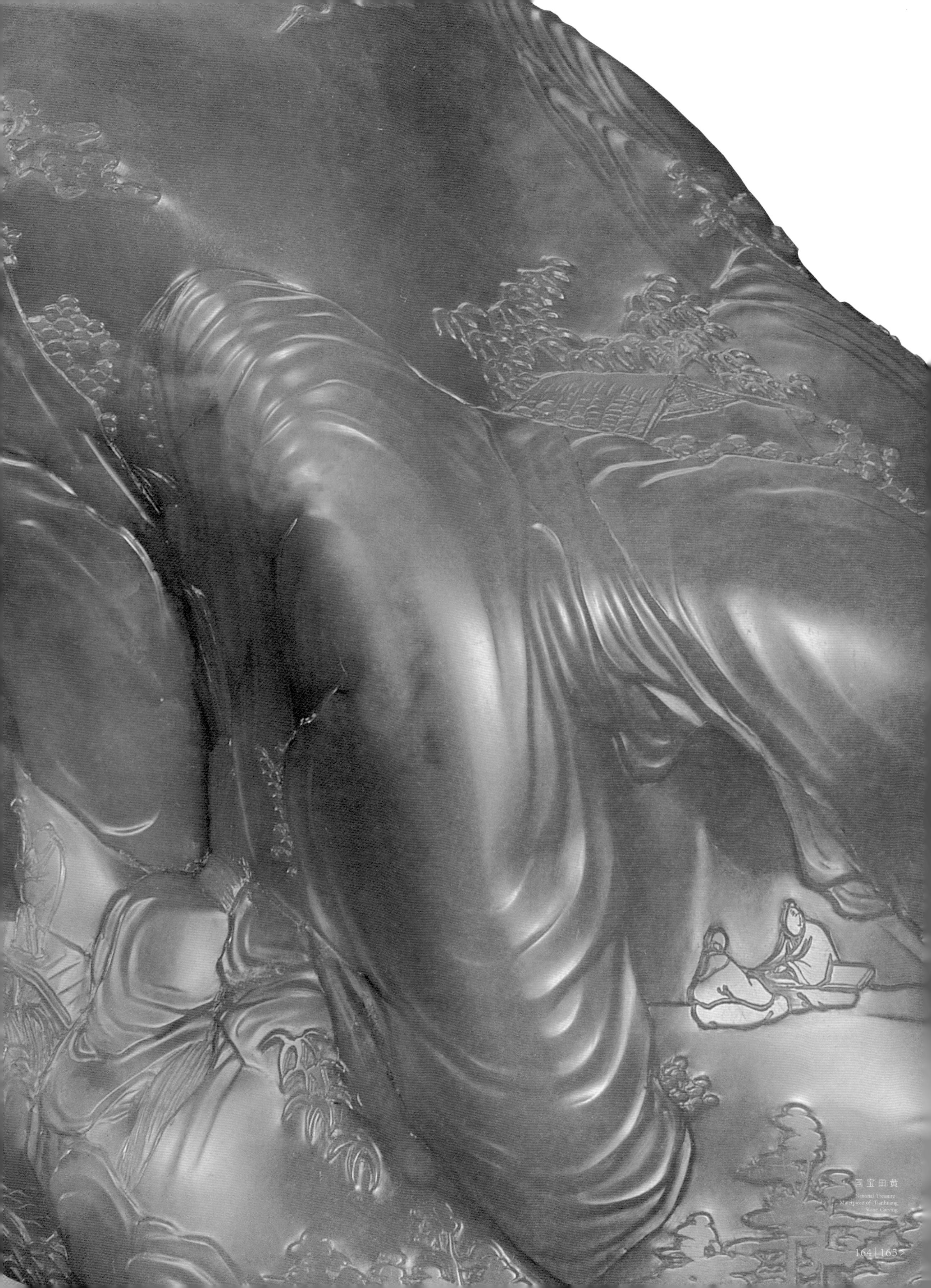

这枚田黄石石材通身色彩沉稳厚重，质地宝洁通灵，细腻凝结，萝卜丝纹清晰易辨，抚之在手，黏如割肪。以其材质看，为中坂所产的上品田黄石，以其形态看，当为田采所得。此田黄石形凹凸变化，天然形似山林，因由福建省工艺美术大师郑世斌借形成势，作薄意“香山九老”图于其上。白居易曾在故居香山（今河南洛阳龙门山之东），与胡杲、吉旼、刘贞、郑据、卢贞、张浑及李元爽、禅僧如满八位耆老集结“九老会”。退身隐居，远离世俗，忘情山水。描绘了唐朝诗人白居易等传统文人野逸山林、悠闲自得的生活追求。郑世斌沿着石材原有棱角转折、格纹肌理，雕刻树干、山石，使其与画面融为一体，形成了一幅山水图卷。这些不同面的薄意之间，在相互衔接的同时又能独立成为一幅小景。拓为墨痕之后，可见树木、竹石、人物、远山，构图精妙。九老散坐于山水之间，使人观之趣味盎然，逍遥惬意之感油然而生。

橘红田黄冻
223克

这件田黄原石随形章皮质细腻，色调浓稠，强光照射下透出橘红色光晕，是典型的中坂产橘皮红田黄石。石质可见胶冻感，萝卜丝纹清晰，是少有的田黄冻石。这件橘皮红田黄冻原石，是20世纪80年代初被采掘出，虽然棱角已渐作弧形，但形状上已经极为接近印章，在田黄石中极为罕有。该石从挖掘出来后，经历了三任持有者，都是寿山村本地专精采田的人家，且持有的年限都在十年以上。40多年中每次易主，这块田黄原石的价值都有跃进式的提升。

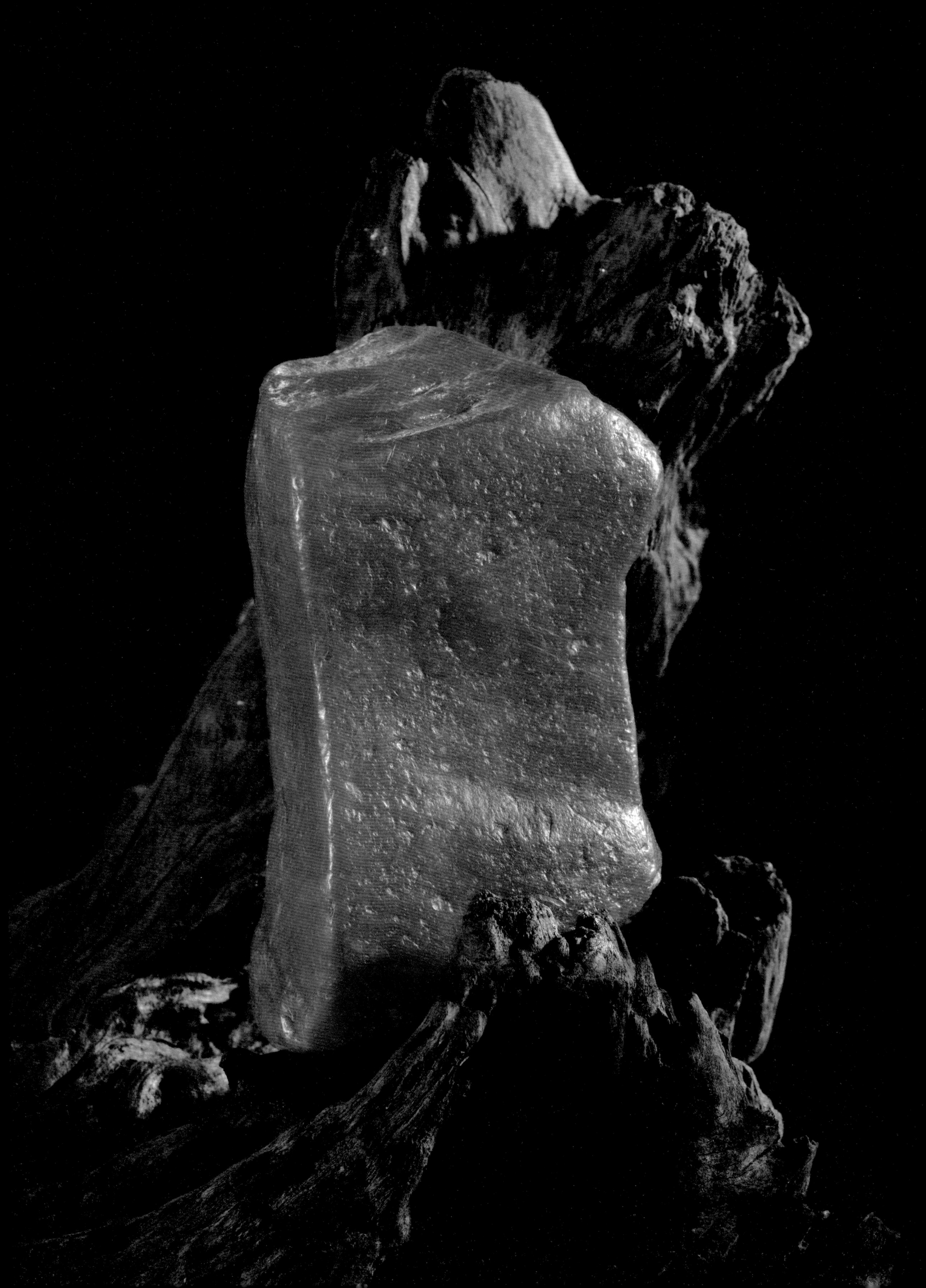

这枚清代田黄石印章，石质温润凝结，细腻通灵，色带橘红，灯光映照下可见隐约流动的柔和珍珠光。田黄石特有的萝卜丝纹隐约于石之肌理之中，带有“天骄石帝”的雍容沉稳之气。所作为晚明流行范式，刻伏象印式，这一题材的塑造中，象需沉稳趴伏，以示其静逸。象师趴卧于象衣之上，肢体松弛，神态安定。明末至有清一代，这一主题的钮饰始终延绵不绝，并在造型上不断流变。大象的姿态雍容、造型饱满，人物的面目虽仅黄豆大小，但容貌刻画纤毫毕现，神态安详，象衣的阴刻装饰华丽、象体上的装饰纹雕刻疏密有致，大象身躯上以点捺顿刻作成毫毛状，用刀秩序性、稳定性均强。

清　橘皮黄田黄石
太平有象钮正方章
202克

明末清初　杨玉璇作
田黄石　罗汉尊者
91克

这件田黄石罗汉圆雕摆件，以上等明代田黄雕制，其石质温润，形态饱满，其质地晶莹，略带透明感，色彩呈清雅的桂花黄，通体匀净，润泽可人。罗汉呈坐姿，头部微侧，椭圆形脸，拱鼻卷眉，双眼微敛，法相慈悲，头部微见须髯之痕。身着宽袖大袍，胸膛略袒，刻花嵌珠袈裟，胡相梵貌，一手执如意，一手抚狮。狮子张口耷耳，双眼依明末风气，嵌蓝色宝石，一只巨爪搭在如意之上，翘尾抬首目视罗汉，神态温驯俏皮，依恋之外又有顽皮嬉闹之意，罗汉神态安详，衣纹自然。雕刻精美，镌有“玉璇”款，为清代雕刻名家杨玉璇的经典作品，具有极高的艺术价值。

匣内题铭：杨玉璇琢田黄罗汉精品　宝宋室
匣内钤印：宝宋室　林氏家　藏

明末清初　杨玉璇作
田黄石嵌宝　罗汉人物圆雕

这件明坑田黄石所制的田黄达摩面壁像，材美工良，田黄石色泽金黄，自然光照下就会透晕出橘红色光色。原为冒襄水绘园故物，杨玉璇与冒襄同属明万历至清康熙年间人物。据龚心钊题记及龚安英老人口述，杨玉璇田黄冻达摩面壁像旧藏于冒襄水绘园，与杨玉璇制白寿山慧可断臂像合为一组，同时并存，后经裔孙冒广生转予龚心钊。即便经历数百年，其田黄质地依然脂润莹朗，冻地感强烈，如蜂胶凝结，色彩浓烈厚重，宝光璀璨。这件达摩面壁像是典型的“胡僧梵相”，隆眉、高鼻、卷胡。达摩神情宁静祥和，弯眉垂目，沉浸于禅定之中。

杨玉璇所作田黄冻达摩面壁像，在达摩的袈裟领口以阴刻手法刻画精致的花锦纹样，并镶嵌明珠为缀饰，技法上尖刀、圆刀并用，开相结构甚至形象上表达的方式都堪称一绝。

配瞻麓斋制瘿木囊匣、象牙座
瘿木匣题铭：“田黄达摩佛。怀西。”
压版钤印：“合肥龚氏瞻麓斋记”“陶冶性灵”“怀西珍赏”
压版题铭：“田黄达摩。冒氏水绘园旧供。二两五分”

印质莹润细腻，包浆润泽古朴。寿山中阪田坑所出，色黄且莹，宛若凝脂，又如油蘸，质地均匀，洁净纯正、凝莹若冻、温润可人，天工造化，绵密而不乱，若隐若现、如梦如幻。印钮雕刻瑞兽伏卧，运刀技法炉火纯青，精微处纤毫不爽，圆润处似行云流水，刀法、刀味皆有古韵，不同凡响。这一印章所呈现的萝卜丝纹呈现网状结构，犹如"网眼"一样，但其形状更加圆润，丝纹之间也更加离散，特征十分典型。

清　田黄石　兽钮章
42克

这件田黄石子母瑞兽钮章色泽自然柔顺、肌理蕴极细致之萝卜丝纹，绵密欲化，红筋显著易辨；其质地特别凝腻、温润、细结，凝灵成冻，有一种难以形容的油润感，显为中阪所产上佳田石，色质俱佳。线条流畅婉转，神态清秀恬静，其用刀之法劲挺，圆熟明快。雕刻中的细腻处理，尤为精绝。

吴让之篆刻，印文：梦渔樵旧庐收藏金石书画印

清　田黄石
子母兽钮章

清　田黄石　正方章
太狮少狮钮
187克

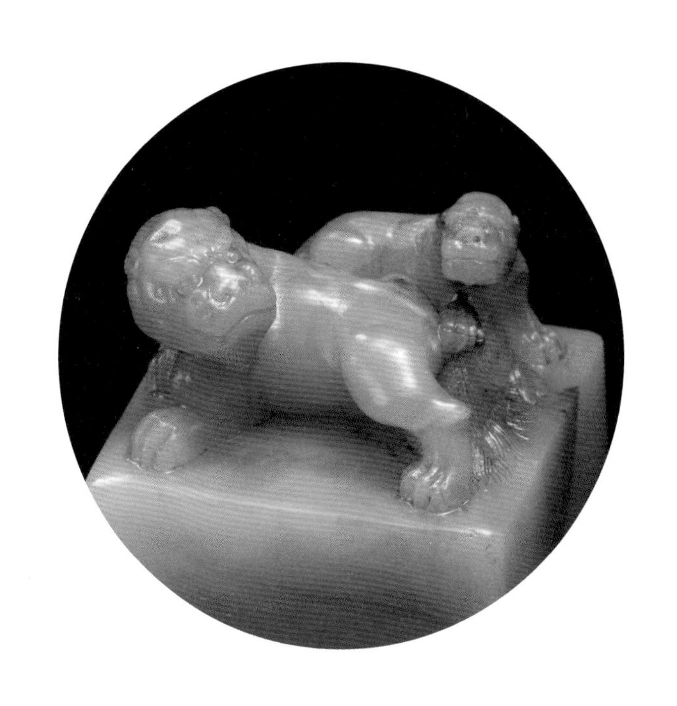

印钮裁切规整，石质嫩黄娇美，光泽温润，细腻的田黄石纹满布其间，丝丝入扣，特征明显。冻透润泽，质感细腻凝润，萝卜丝纹清晰绵密，通体呈金黄色，浓郁纯正，外裹一层明显的包浆，幽然古朴，发出灿灿莹光，是田黄石中的极品。雕刻者毫不惜材，将质地如此完美的田黄石裁切平台，挖镂塑形，雕以太狮少狮钮，极尽奢华。母子狮有“子嗣昌盛”之意，亦有借谐音“太师少师”，寓高官厚禄。此印钮雕刻传神，狮子造型饱满，鬃毛与尾毛刻画精巧，开丝匀整细密。母狮半卧半立，身躯回转远眺，幼狮凝视母亲，幼狮双爪紧贴于母狮背部，攀爬戏耍，顽皮可爱。子母之间，体势连接处有红筋顺势而走，可见雕刻者有意巧妙地用此化解材质格纹。就开相看，此件当为清代雍正时期宫廷雕刻风格，其古朴中见灵巧，真趣里藏精神，是典型的清代宫廷“田黄工”精品。

款识：祥雄

当代　郭祥雄作　田黄石
九螭呈祥　258克

以郭功森、郭祥雄、郭祥忍三位雕刻大师所代表的“郭家工”，作为当代寿山石雕刻“宫廷气韵”的典范，这枚九螭摆件就是其中的经典之作。雕刻家以圆雕、浮雕、镂空雕等多种雕刻手法综合运用，满工雕刻出九螭戏钱之情景，或是穿过圆形铜钱中的方孔，或是回身与布币嬉戏，群螭相盘曲、缠绕、穿越，却层次分明，丝毫不乱，其四爪锐利、肌肉遒劲，似乎随时就要越出田黄本身腾飞而去，其脊背线条矫健，形成了作品最引人注目的主线条，通过每一条螭龙的脊线，将作品的力量感相联系、相交织，使作品充满了凝聚且游动的力度，更将田黄石原有的天然筋格通过雕刻一一“化”去，宝光流溢的田黄与交缠盘绕的螭龙交相辉映，呈现出华贵无匹的视觉效果。

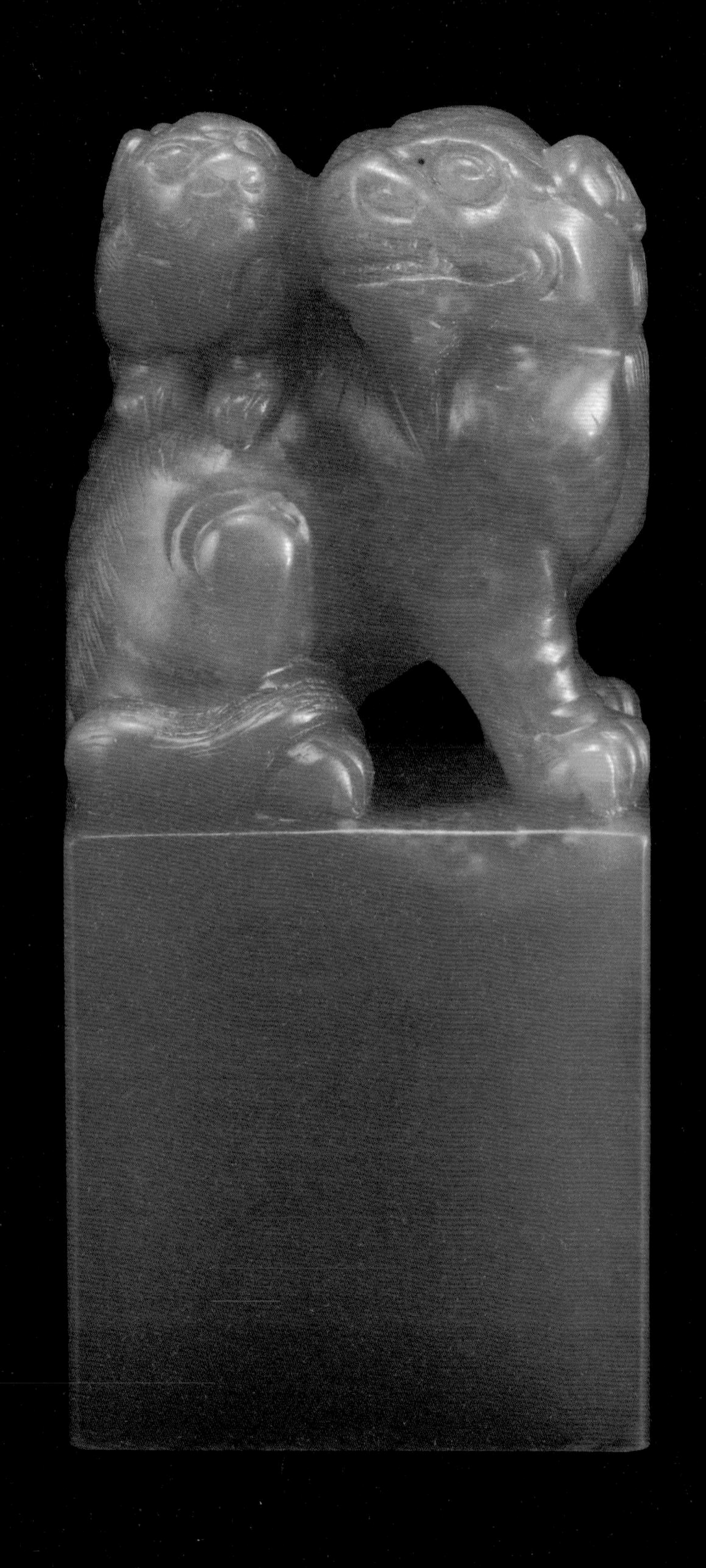

清　田黄冻石
子母兽钮章
85克

清　田黄石
螭虎呈祥钮章
63克

明末清初　杨玉璇作　白田石
螭钮呈祥章
89克

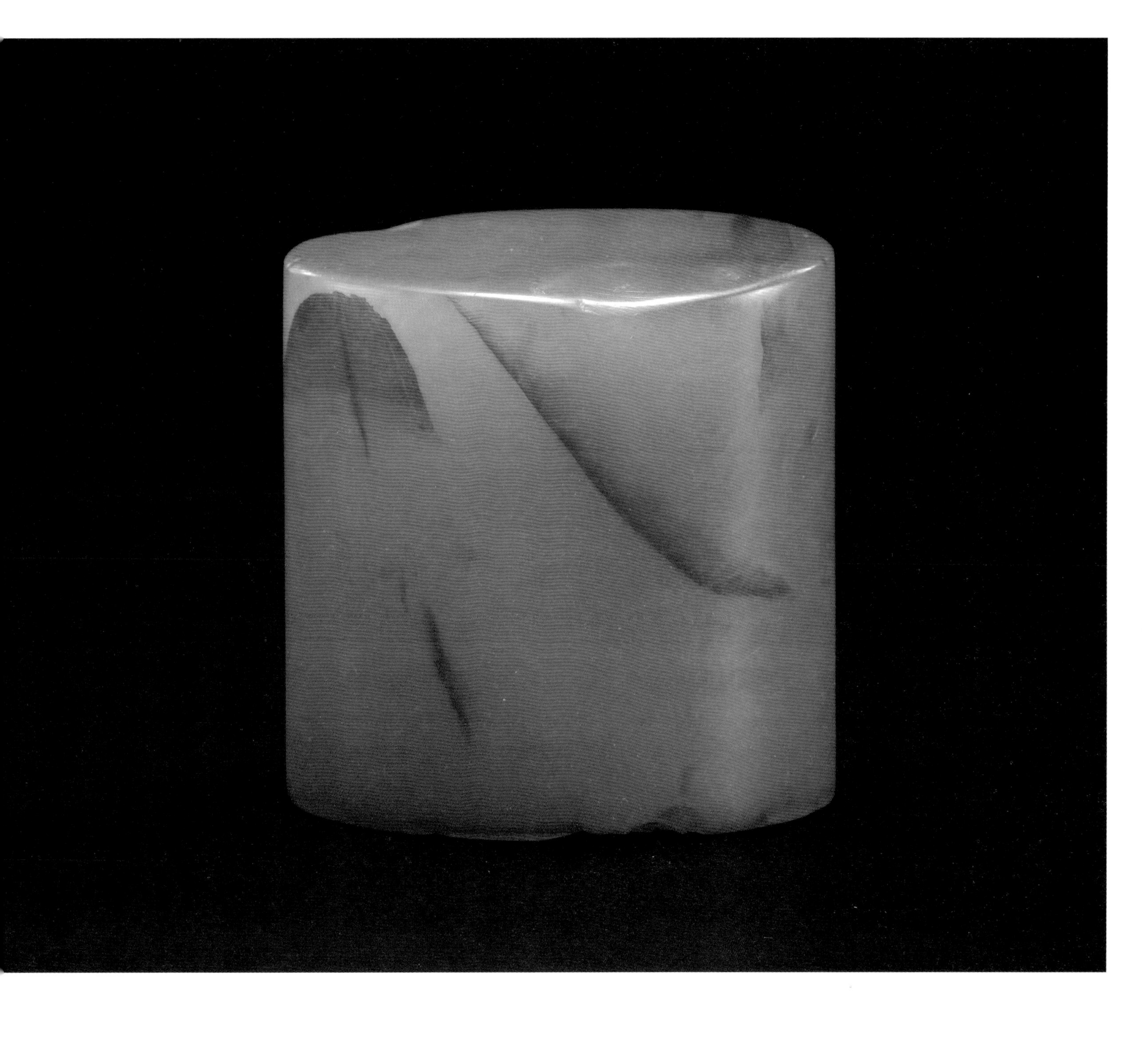

清　张樾丞旧藏　田黄石
椭圆素章
63克

明末清初　杨玉璇作　田黄冻石
瑞兽钮方章
62克

清　周尚均作　田黄石
凤钮章
35.7克

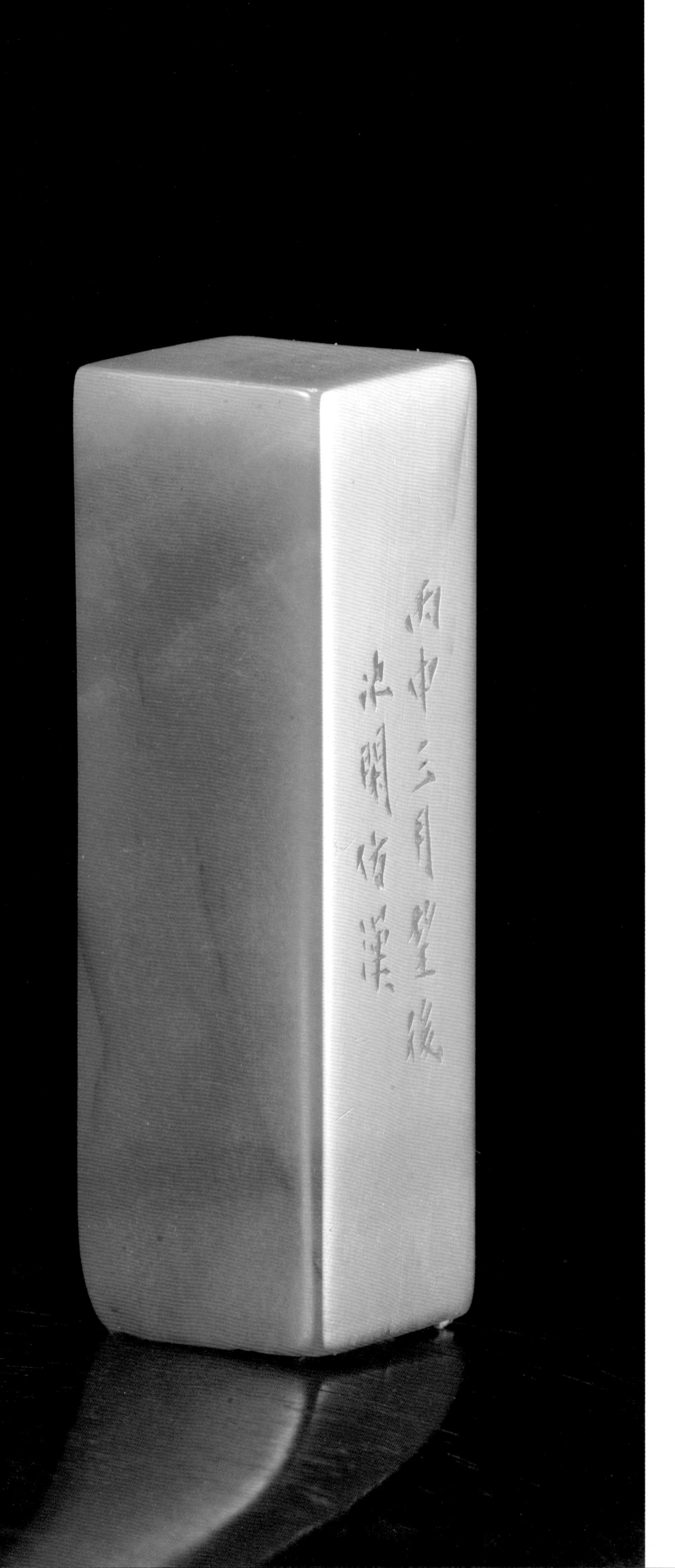

清　赵之琛篆　田黄石
正方章
41克

民国　林清卿作　田黄石

山水薄意摆件

130克

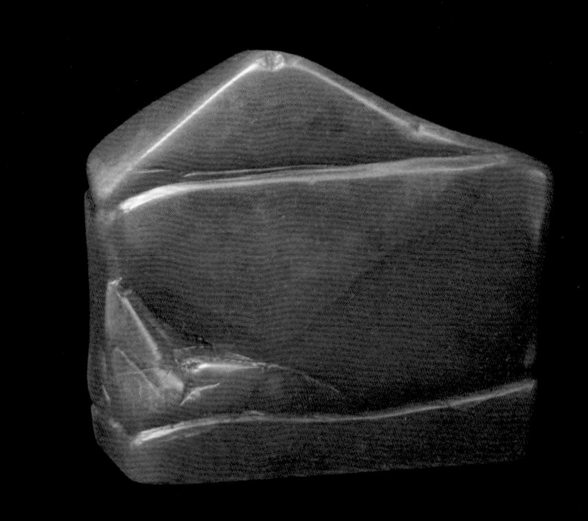

清　田黄石
节节高升
50克

清　田黄石
田黄石兽钮方章
38克

清　田黄石
田黄石鱼钮章
62克

明末清初　杨玉璇作　田黄石
田黄兽钮章

清　田黄石

田黄双螭钮　80克

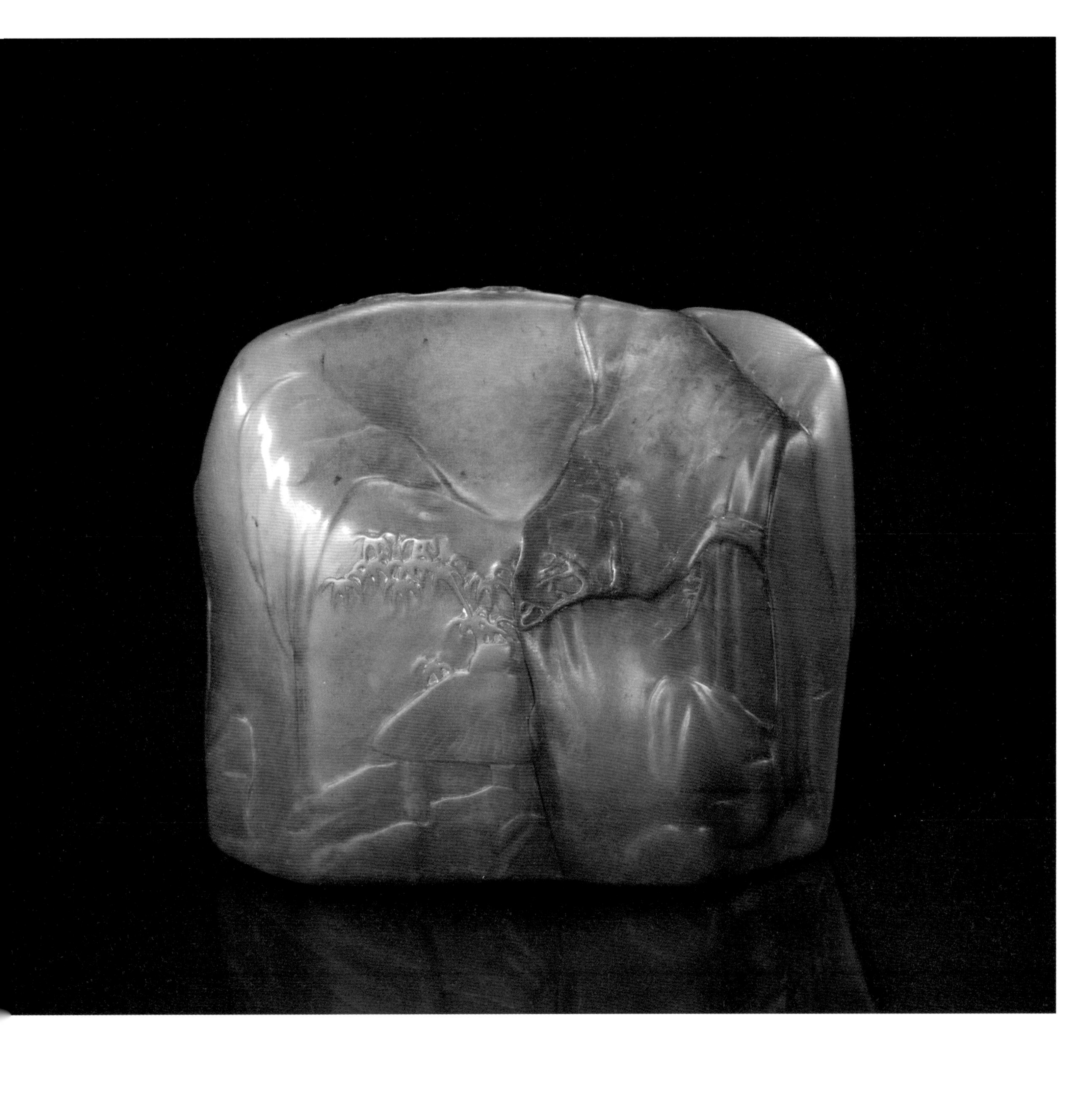

民国　林清卿作　田黄石
秋江泛舟图　薄意随形章
115克

清　田黄石
博古六面平方章
67.6克

清　田黄石
兽钮扁方章
46克

清　田黄石
素章
35克

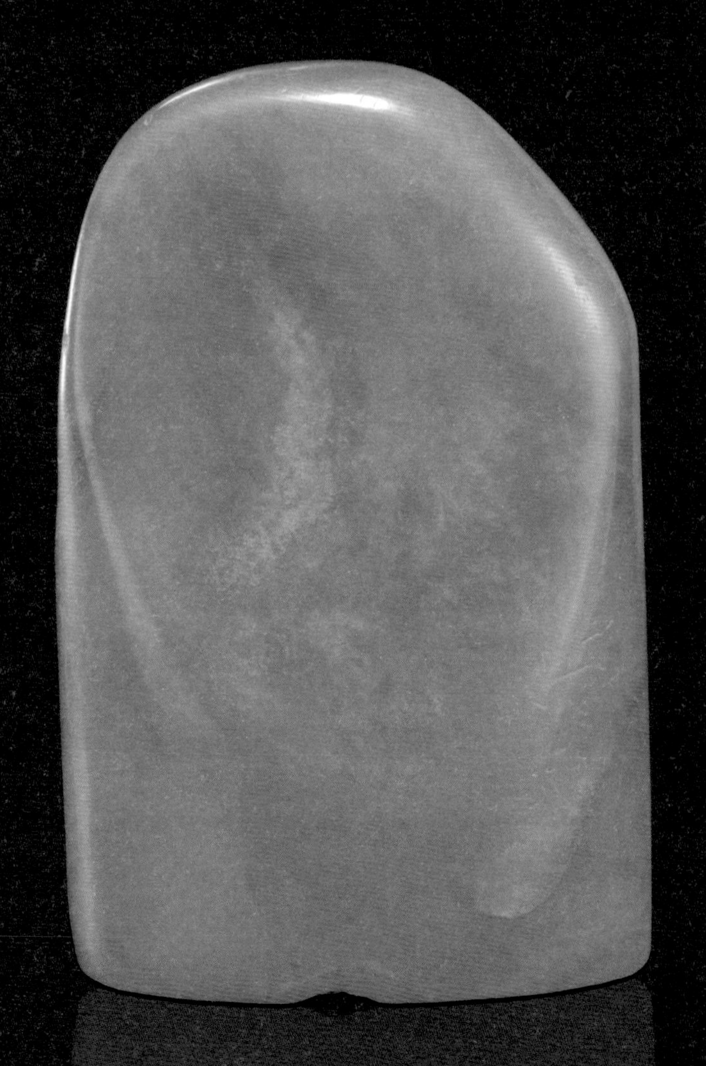

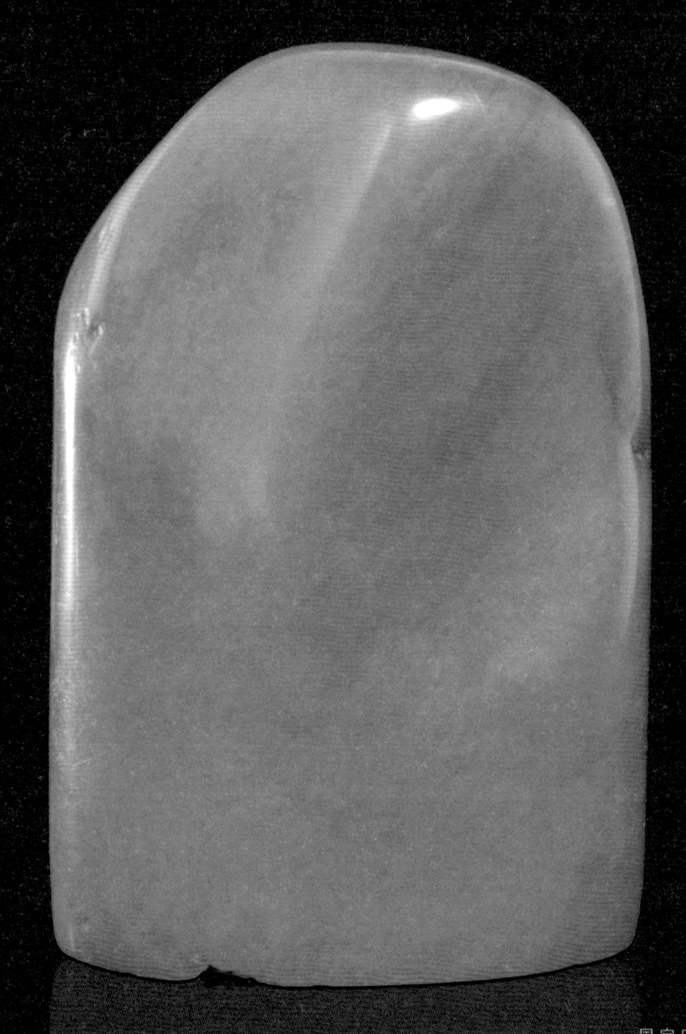

民国　林清卿作　郭懋介旧藏
田黄石山　水薄意章

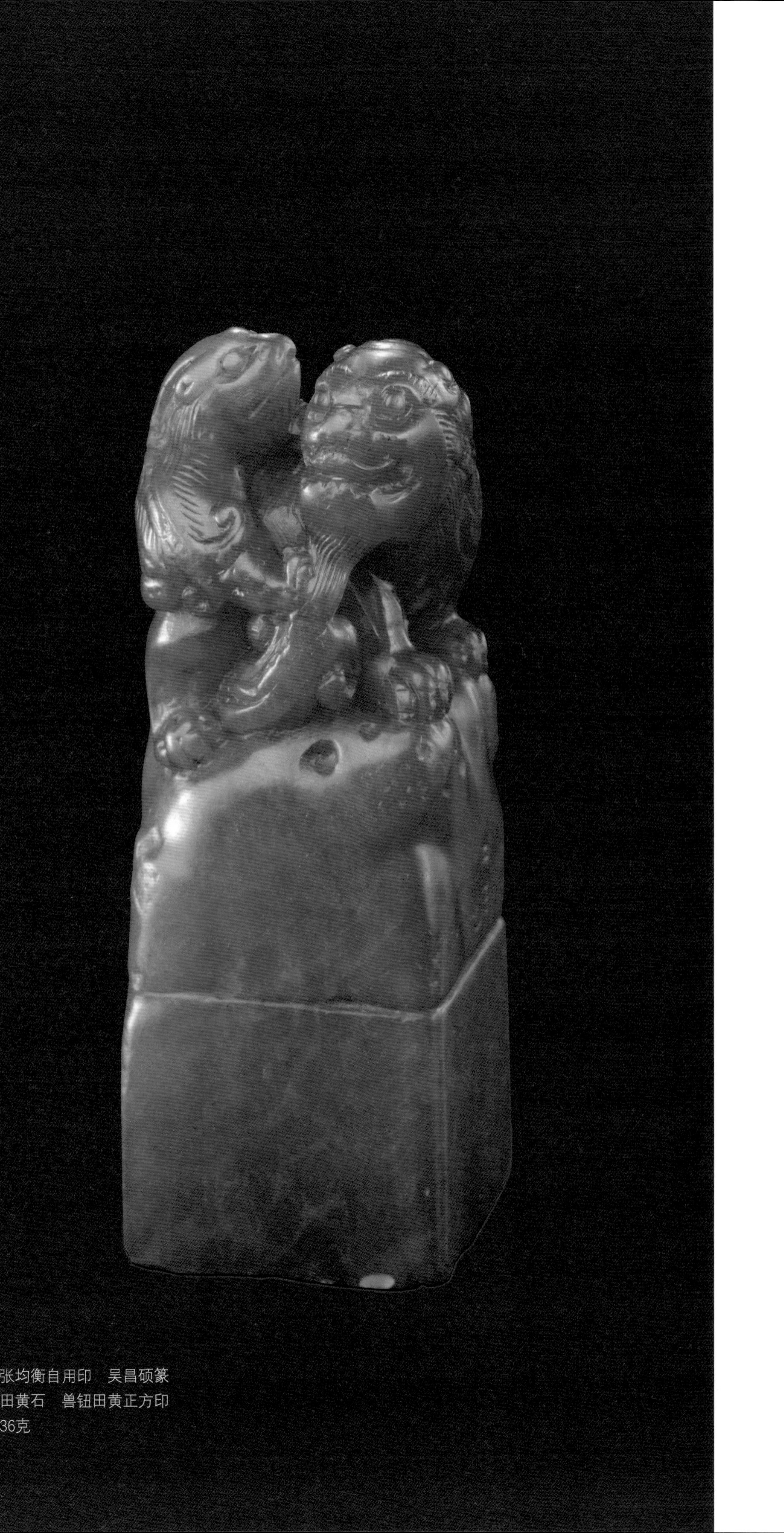

张均衡自用印　吴昌硕篆
田黄石　兽钮田黄正方印
36克

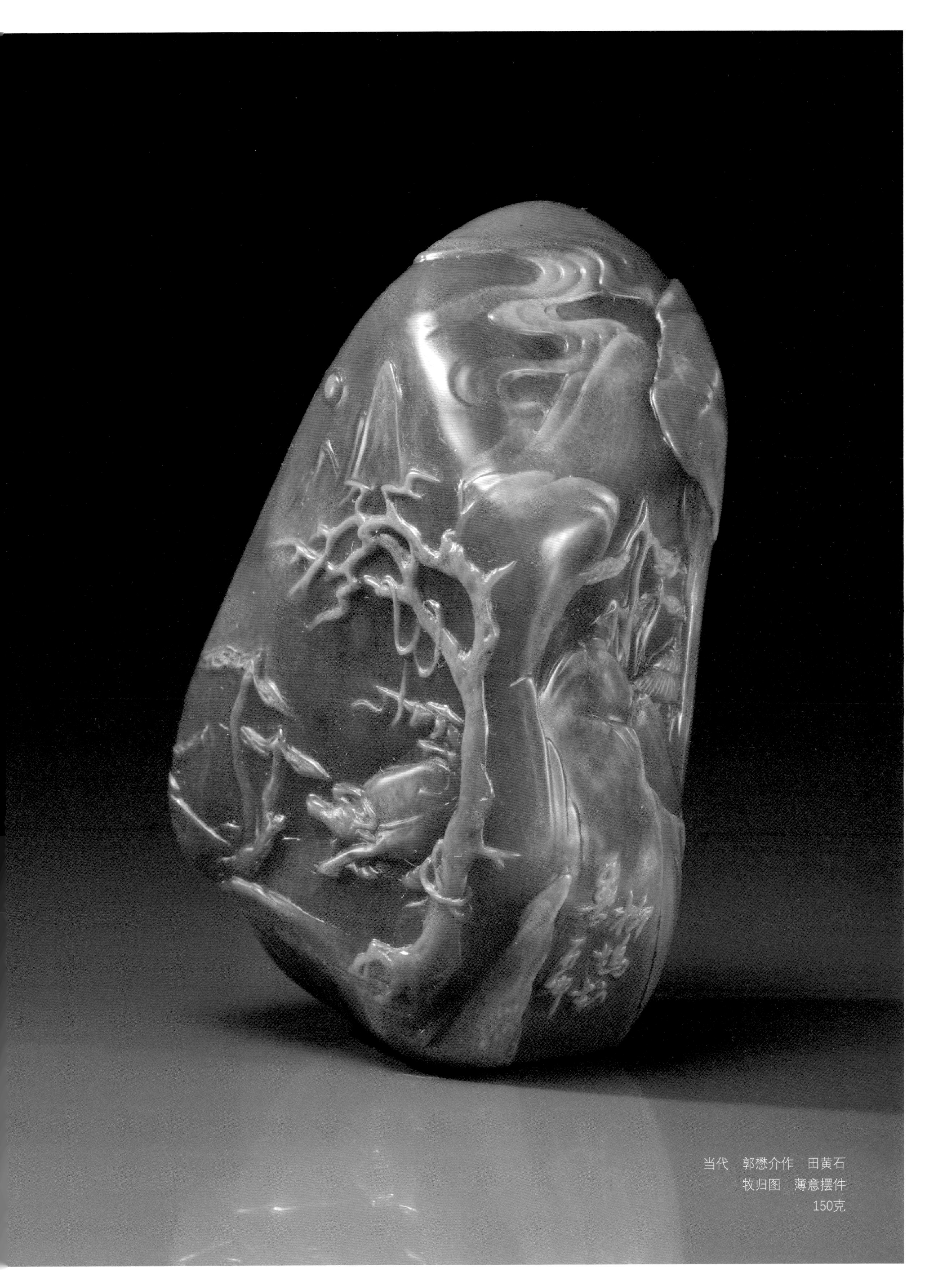

当代　郭懋介作　田黄石
牧归图　薄意摆件
150克

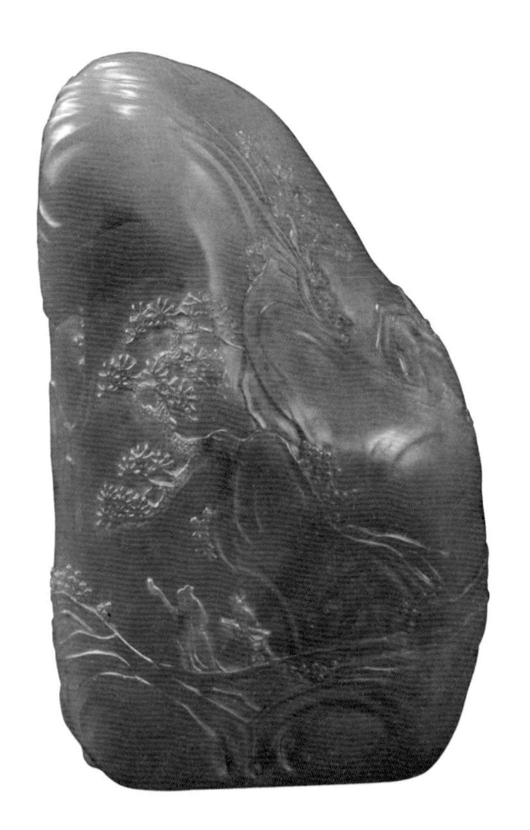

当代　王雷霆作　田黄冻石
抱琴访友　薄意随形章
213克

当代　郑幼林作　田黄石
节节高升　竹形摆件
76克

田黄冻石
正方章
49克

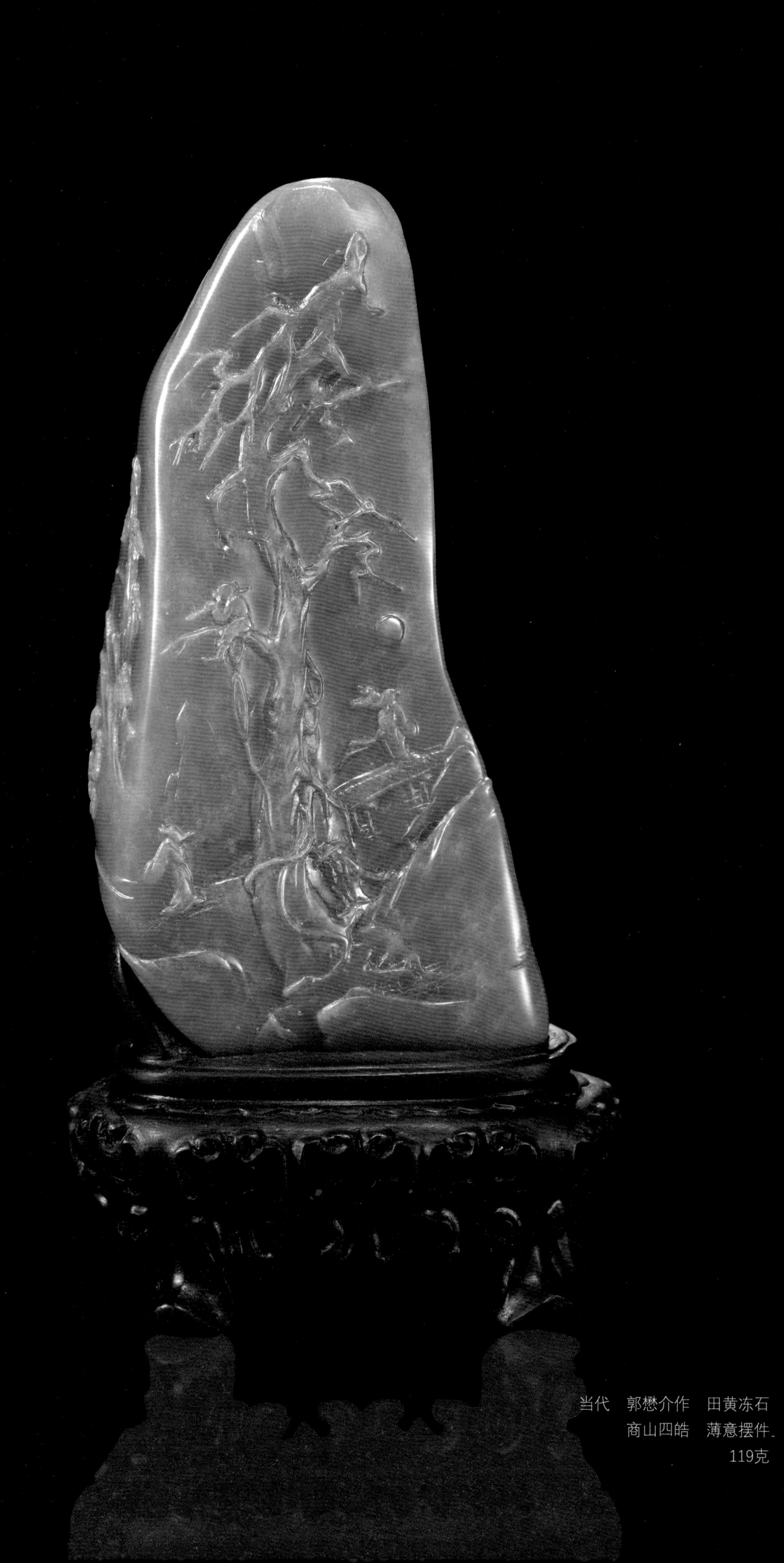

当代　郭懋介作　田黄冻石
商山四皓　薄意摆件
119克

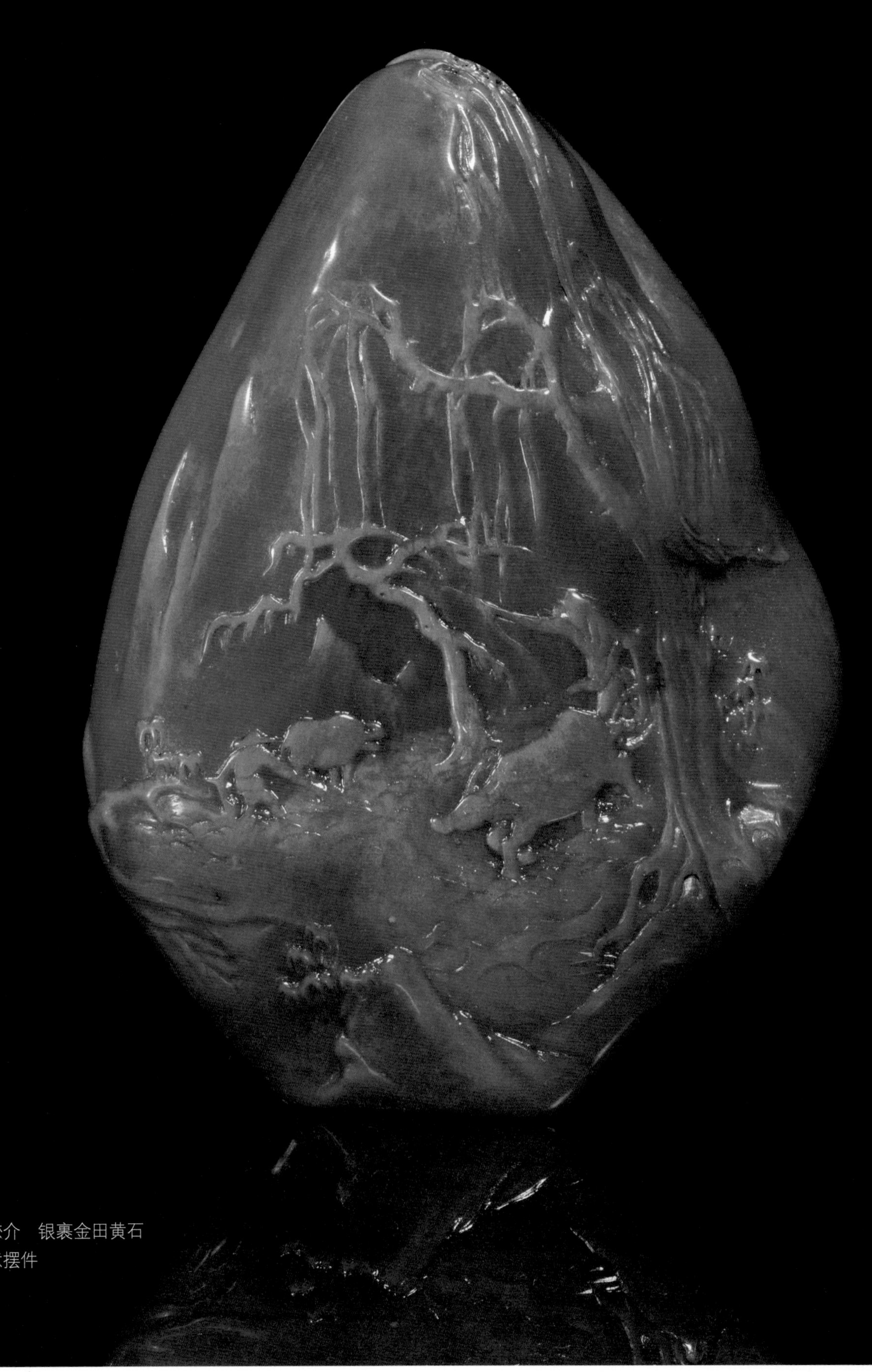

当代　郭懋介　银裹金田黄石
牧归　薄意摆件
80克

当代　郭懋介作　田黄石
布袋弥勒圆雕摆件
116克

当代　郑世斌作　乌鸦皮田黄冻石
渔归乐　薄意摆件
90.6克

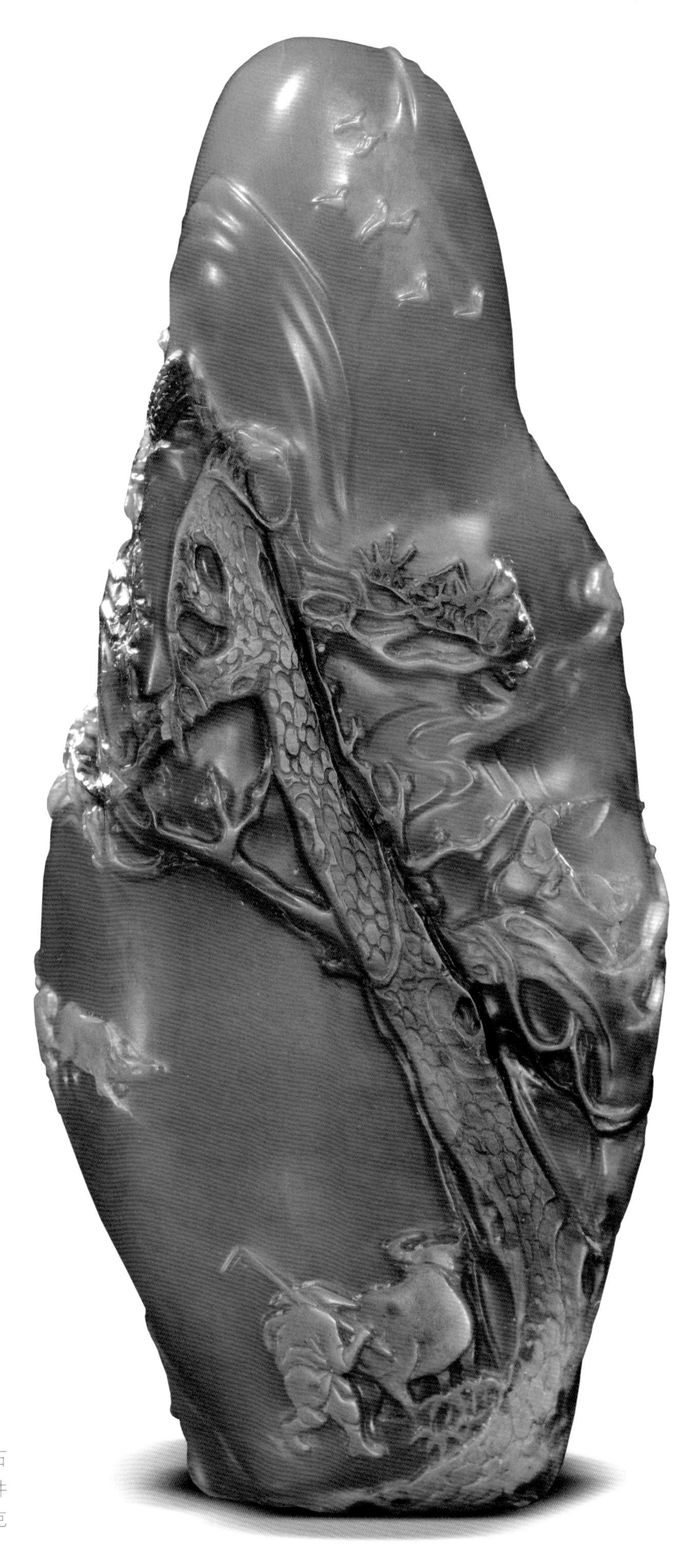

当代　郑世斌作　乌鸦皮田黄石
春耕图　薄意摆件
137.5克

当代　郭祥雄作　黑田石
卧狮把玩件
85克

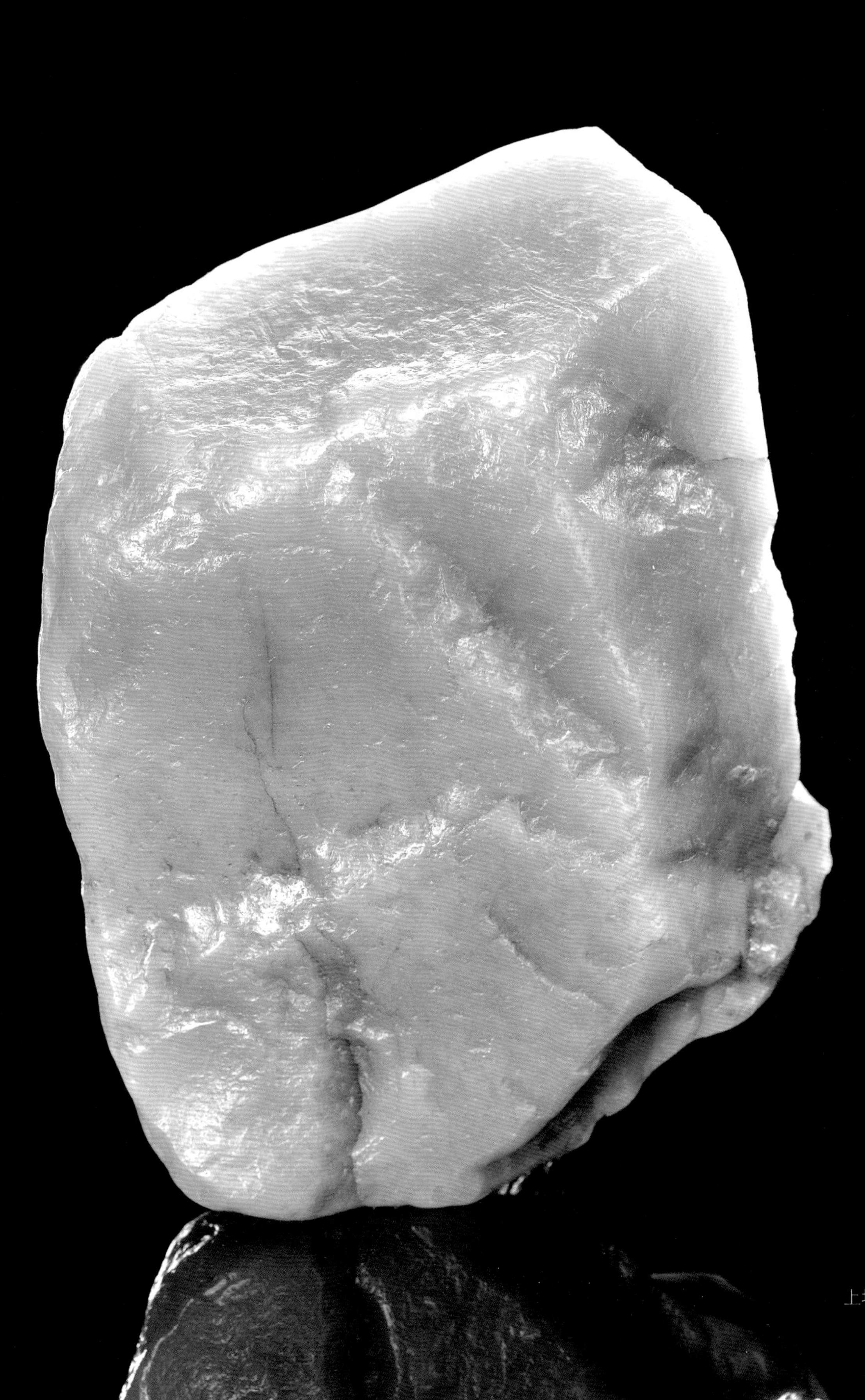

白田石
上坂白田原石
1200克

当代　林东作　田黄石
铁拐李人物圆雕摆件
265克

当代　郭懋介作　田黄石
石珍访友图
86克

当代　林文举作　橘皮黄田黄石
喜上眉梢　薄意摆件
107克

当代　郭祥忍作　田黄石
田黄日字章五龙戏珠钮
218克

当代　郭祥雄作　田黄冻石
九螭祥瑞　摆件
210克

当代　郭功森作　田黄石
群螭大摆件
600克

寿山田黄石
极品田黄冻原石
126克

乌鸦皮田黄冻石
花鸟薄意图
55克

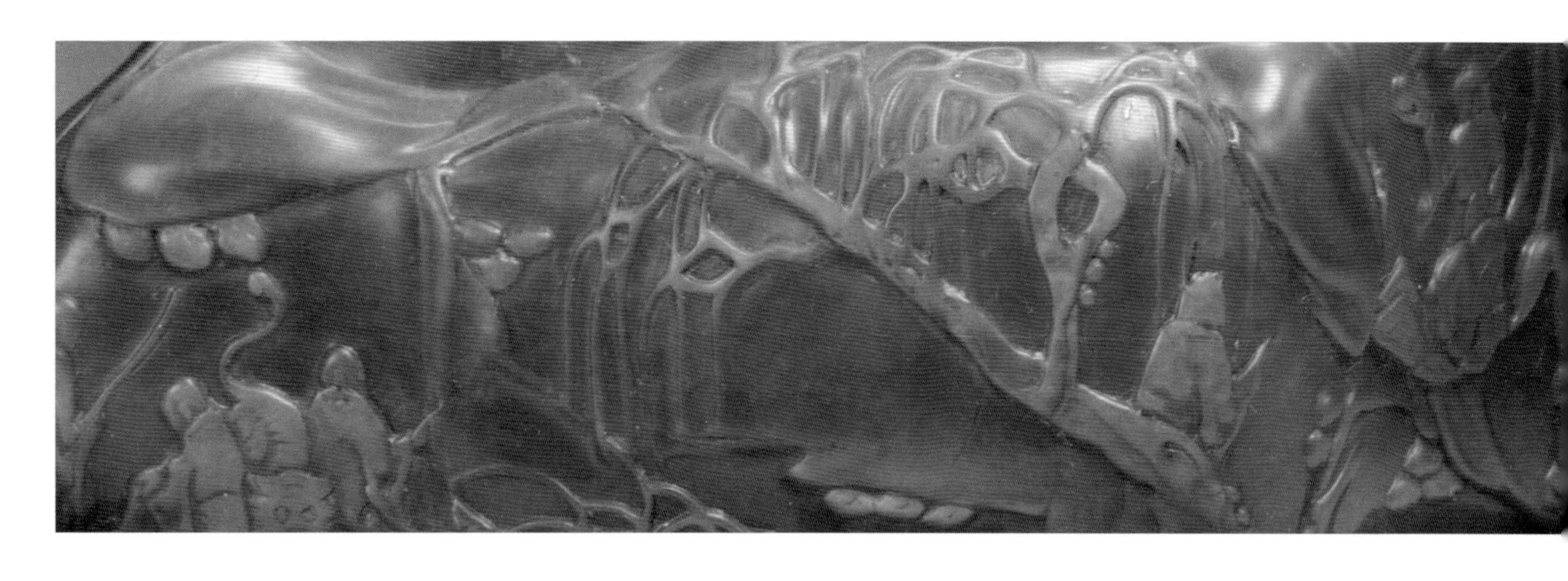

当代　林寿煁作　田黄石
梅花薄意摆件
148克

当代　郭懋介作　田黄石
山居即景　薄意摆件
720克

当代　陈达作　黑田石
五福呈祥　把玩件
148克

当代　郭懋介作　橘红色田黄冻石
渔樵耕读　薄意摆件
165.1克

当代　郭祥忍作　乌鸦皮田黄石
太师得福　印章
271克

当代　刘传斌作
银裹金田黄冻石　一呼群山应
268克

当代　王逸凡作　田黄石
田黄君子节
593克

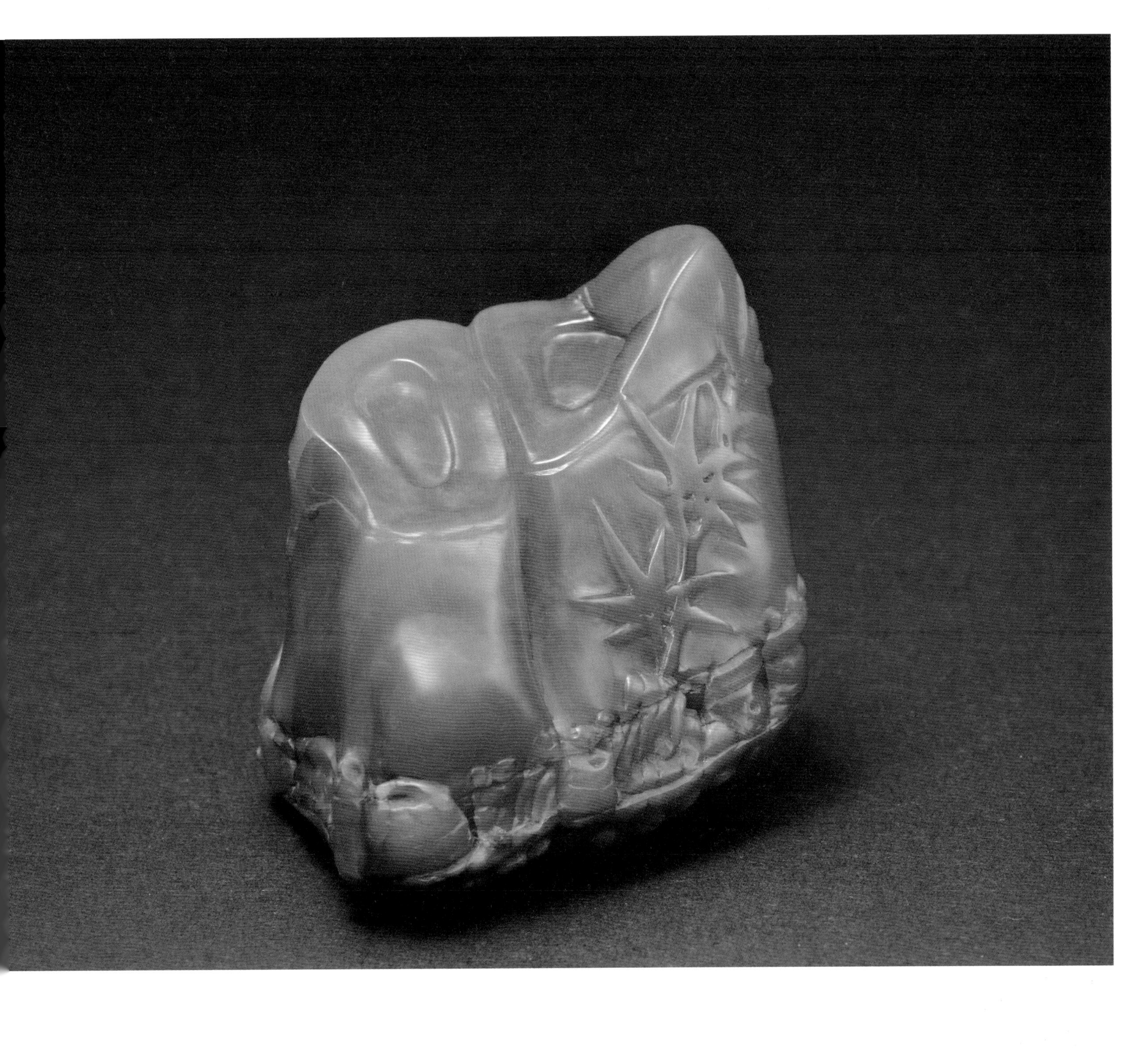

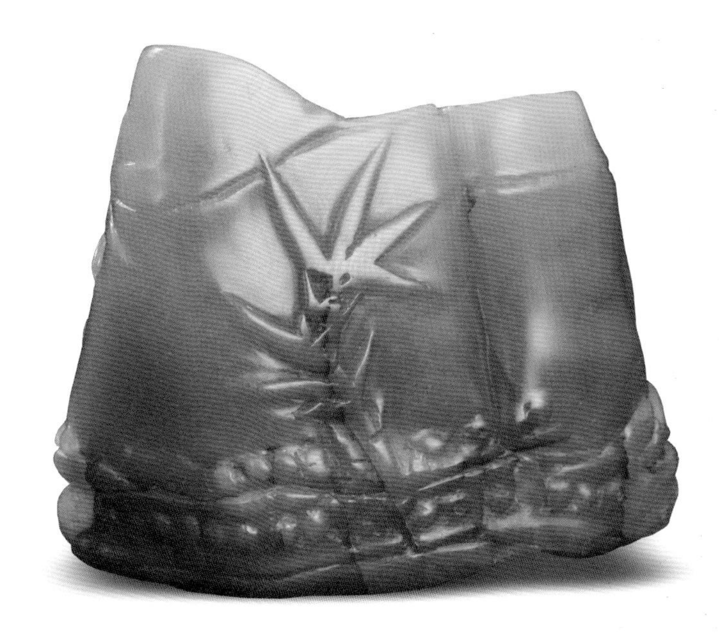

当代　王逸凡作　田黄冻石
节节攀升　竹形摆件
116克

当代　郭祥忍作　橘皮红田黄石
三羊开泰钮田黄日字章
98克

当代　林平作　银裹金田黄石
群螭戏珠摆件
73克

当代　陈达作　田黄石
清平乐　薄意章
167克

当代　徐仁魁作　田黄石
野塘牛涉水　薄意摆件
135.5克

当代　王雷霆作　田黄石
薄意山水图
138 克

当代　郭功森作　乌鸦皮田黄石
凤凰祥瑞
76.6克

当代　江依霖作　银裹金田黄石
秋韵　152克
福州雕刻工艺品总厂馆　藏

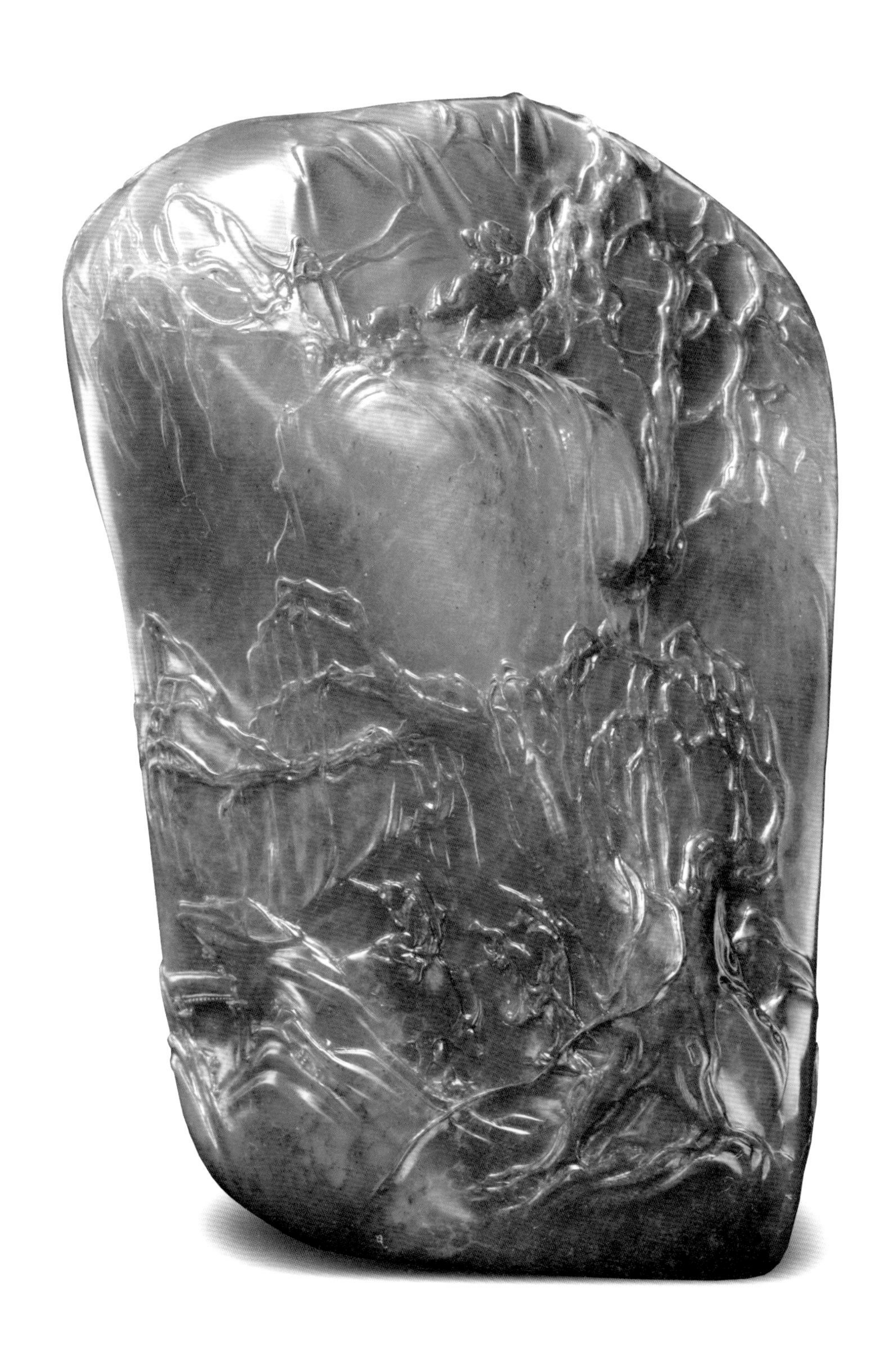

当代　郭懋介作　寿山乌鸦皮田黄石
牧归图　薄意摆件
508 克

当代　林文举作　田黄石
寿山田黄石随形章
860克

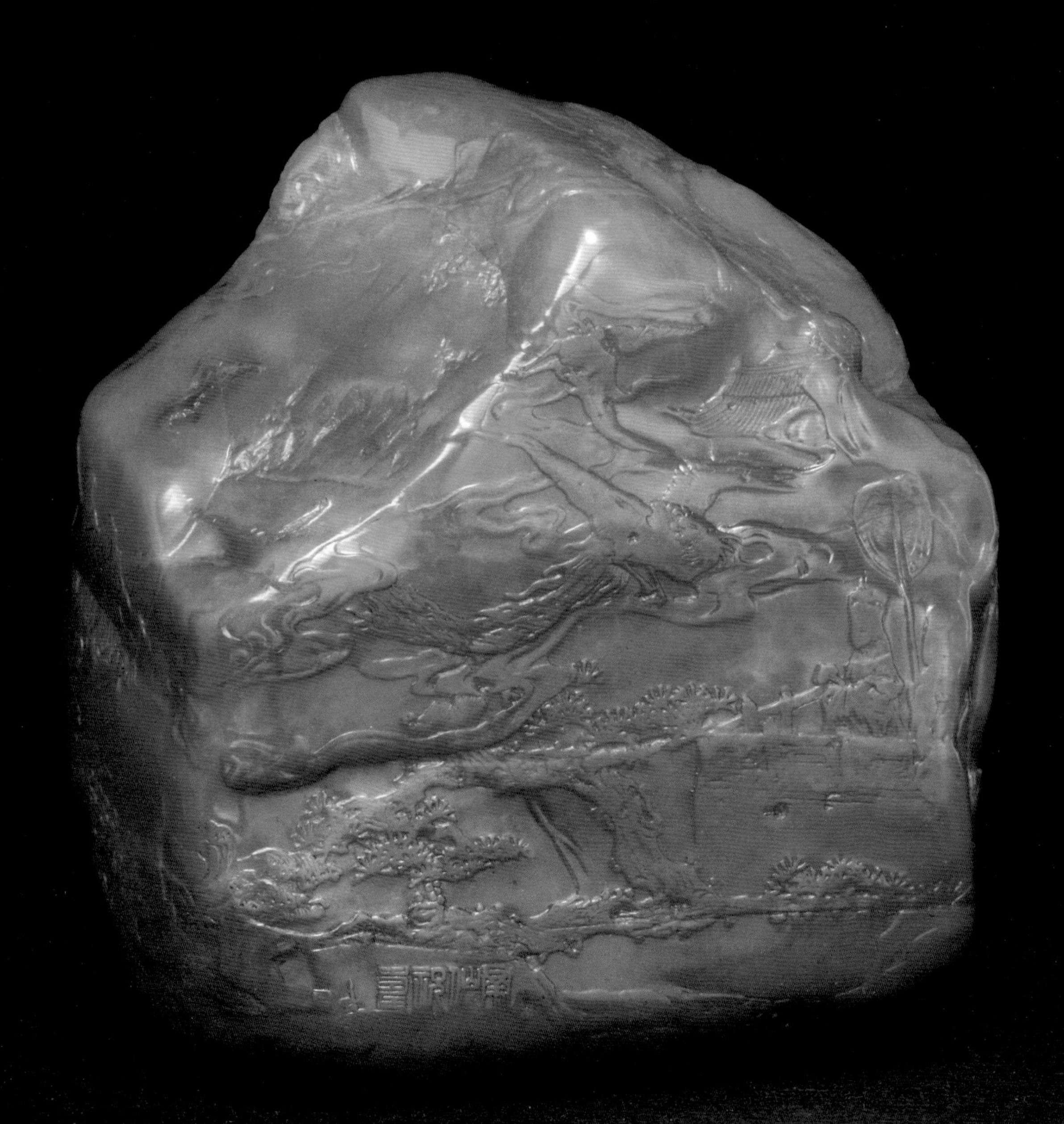

当代　郑幼林作　田黄石
寿仙
128克

当代　郑则评作　田黄石
印章古兽钮章
64.5克

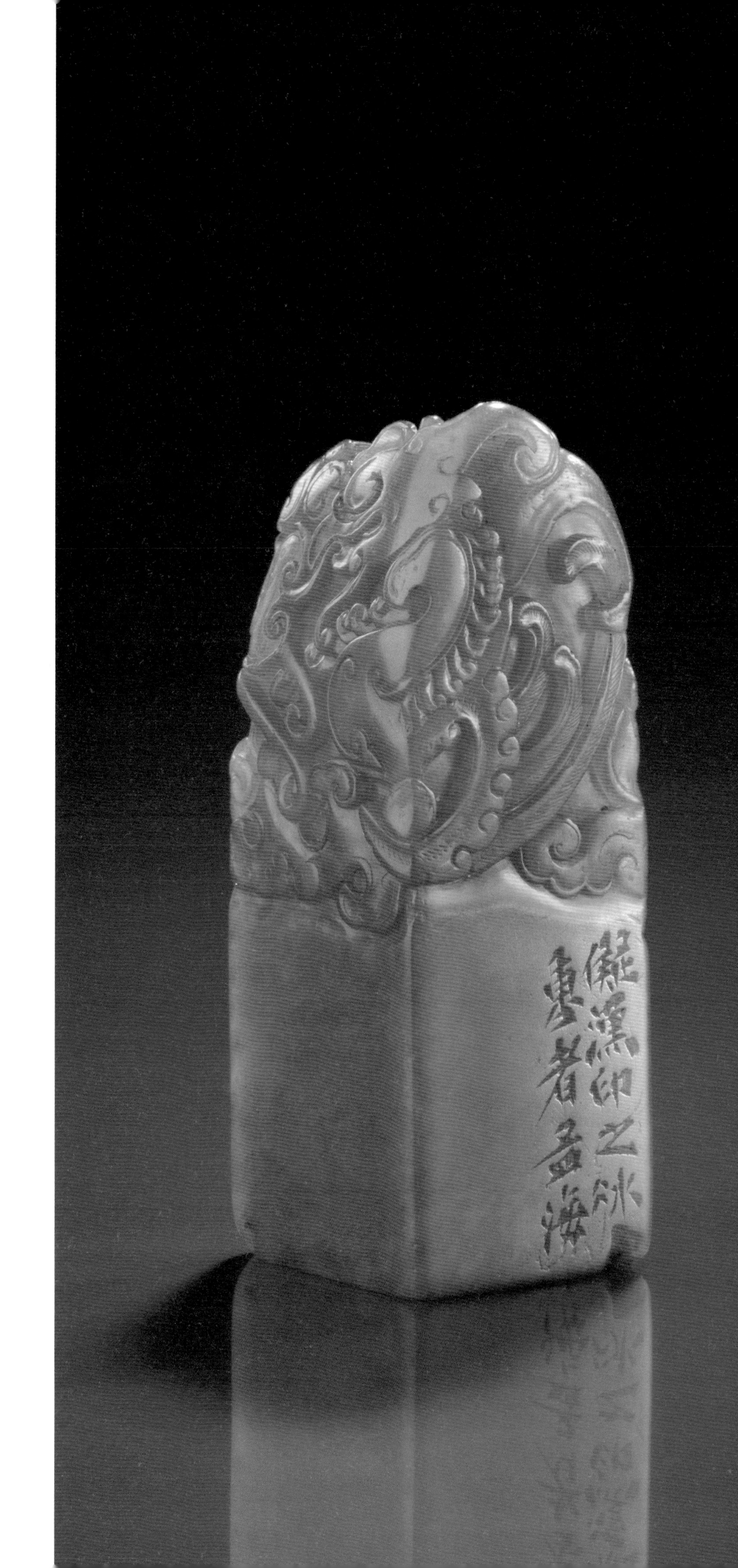

当代　沙孟海篆　田黄石
田黄石凤钮章
126克

当代　陈为新作　田黄石
古兽手件
120克

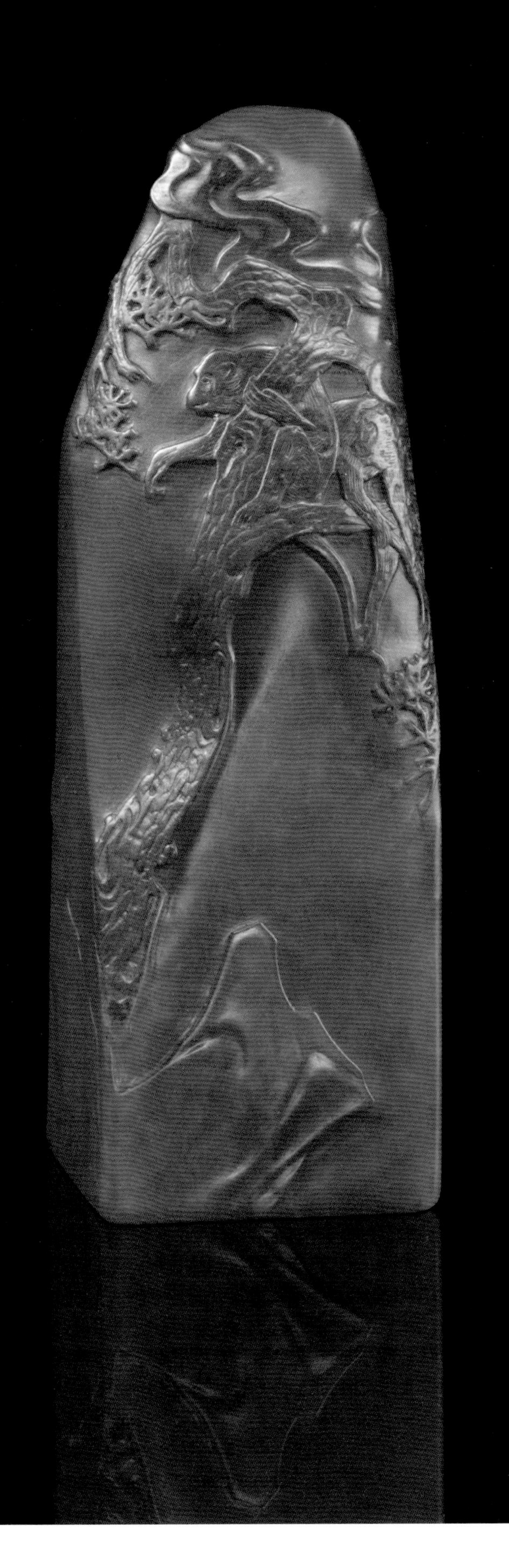
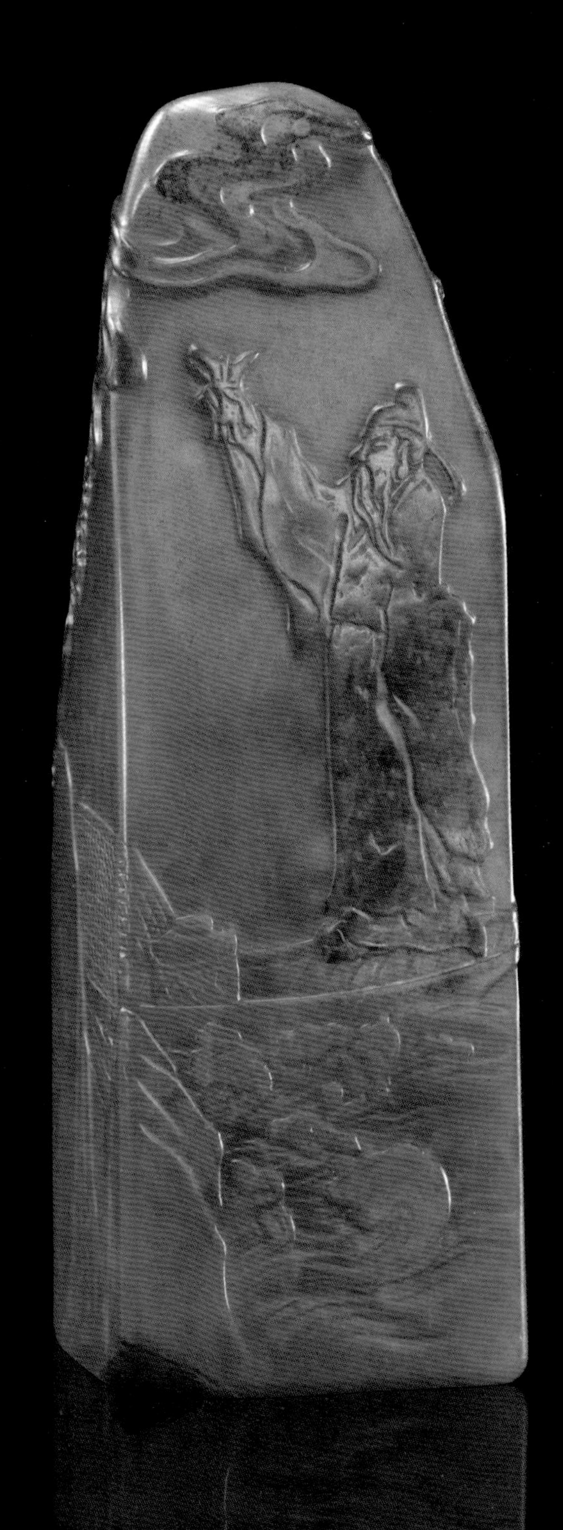

当代　林文举作　寿山乌鸦皮田黄石
轻舟已过万重山　薄意章
83克

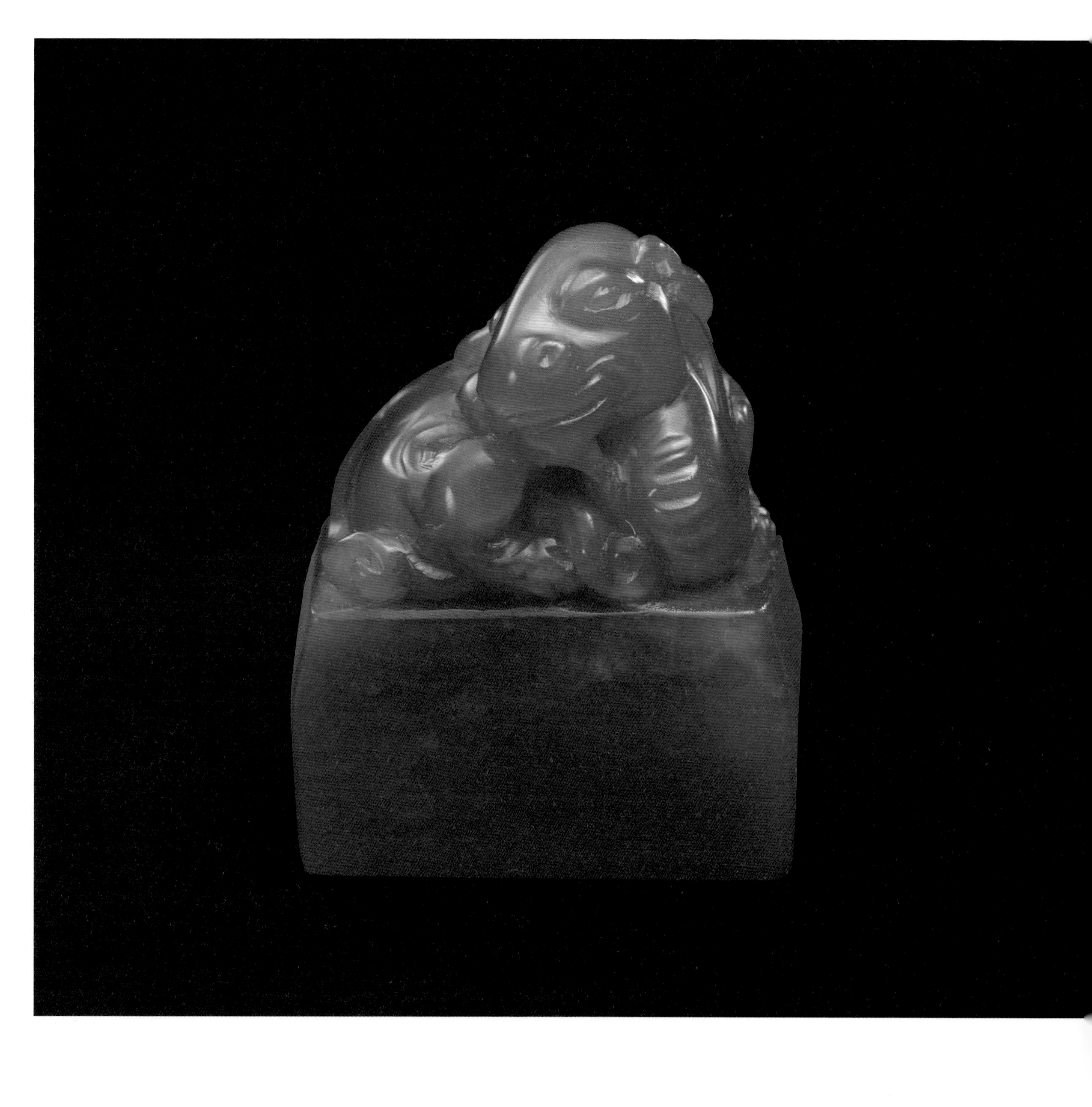

当代　廖德良作　红田石
瑞兽钮章
23.5克

当代　林文举作　田黄黄乌鸦皮
夜宴桃李园　薄意随形章
143克

当代　潘惊石作　田黄石
鳌鱼戏水　随形章
100克

当代　郭懋介作　金包银白田石
十八尊者图　薄意摆件
1077克

田黄冻石
山水薄意摆件
210克

田黄冻石
薄意花鸟图
58.6克

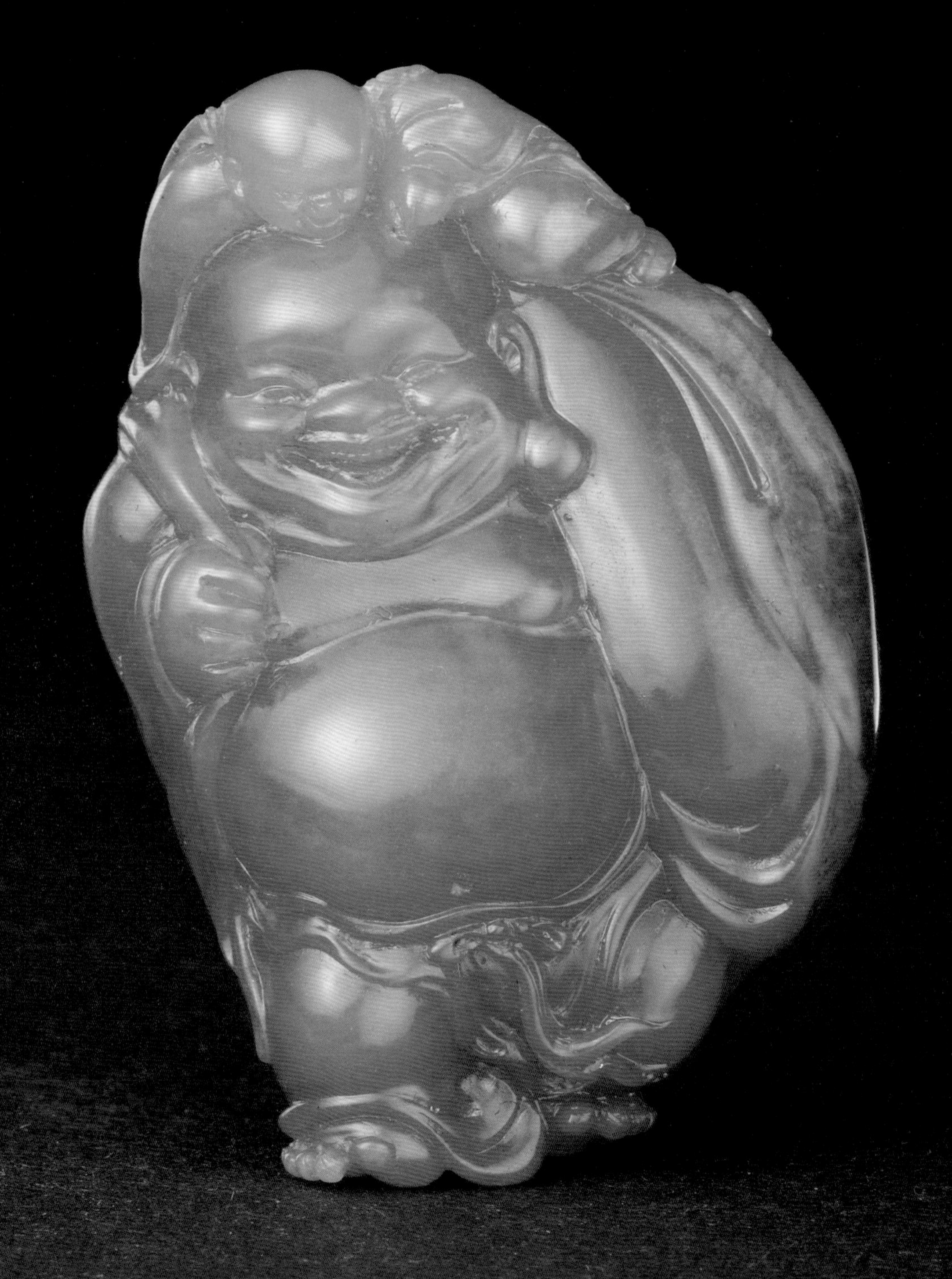

当代　林东作　乌鸦皮田黄冻石
布袋弥勒　摆件
58克

当代　郑世斌作　乌鸦皮田黄石
薄意摆件
75克

当代　林飞作　田黄冻石
三仙醉酒图
69克

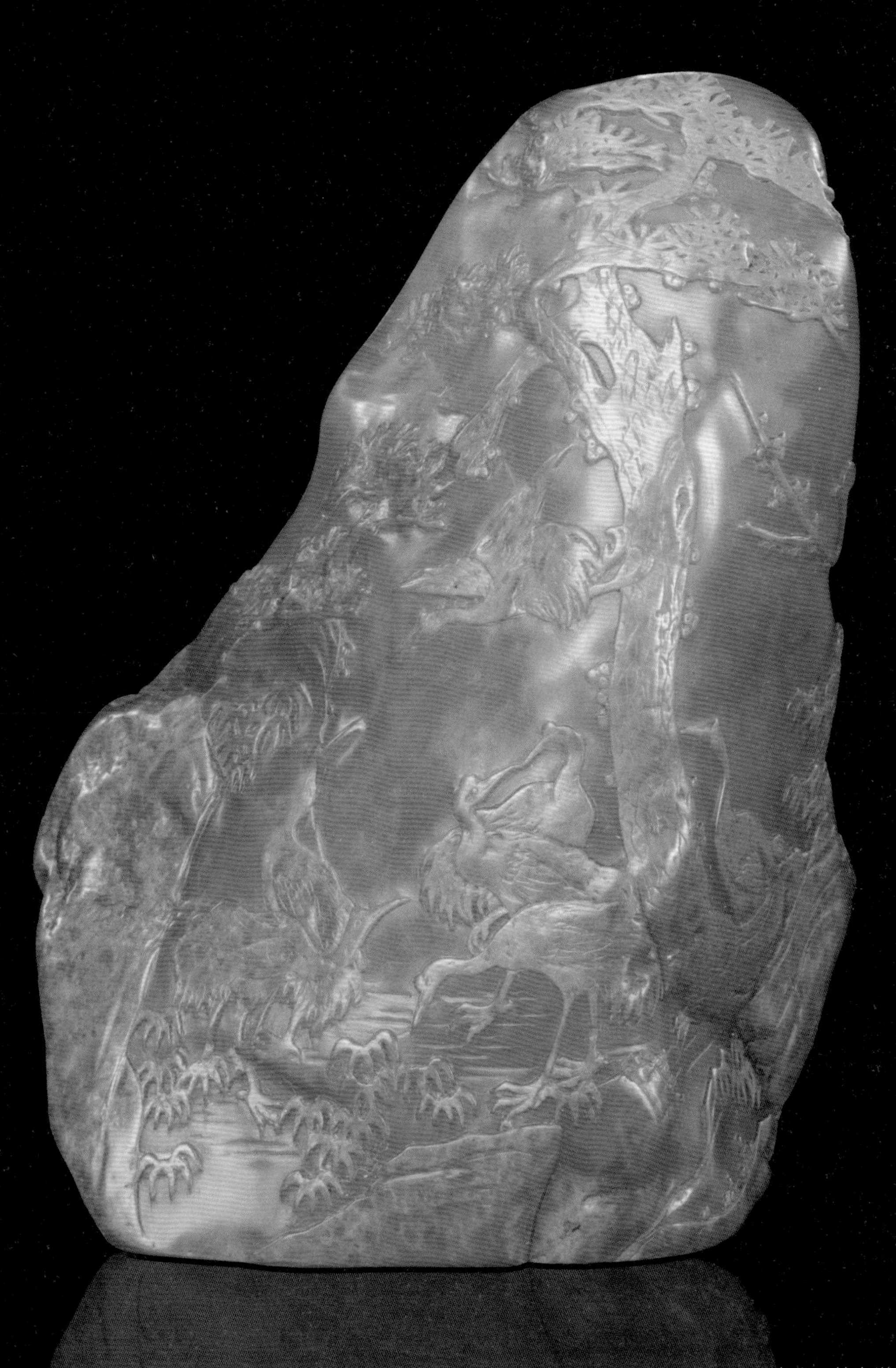

当代　林寿堪作　田黄冻石
松鹤延年薄意随形章
183克

当代　王祖光作　田黄石
吉鲤呈祥印章
38克

当代　郭懋介作　寿山田黄石
长寿仙翁套件

当代　郑世斌作　田黄石
春回大地　薄意摆件　210克
中国寿山石馆　藏

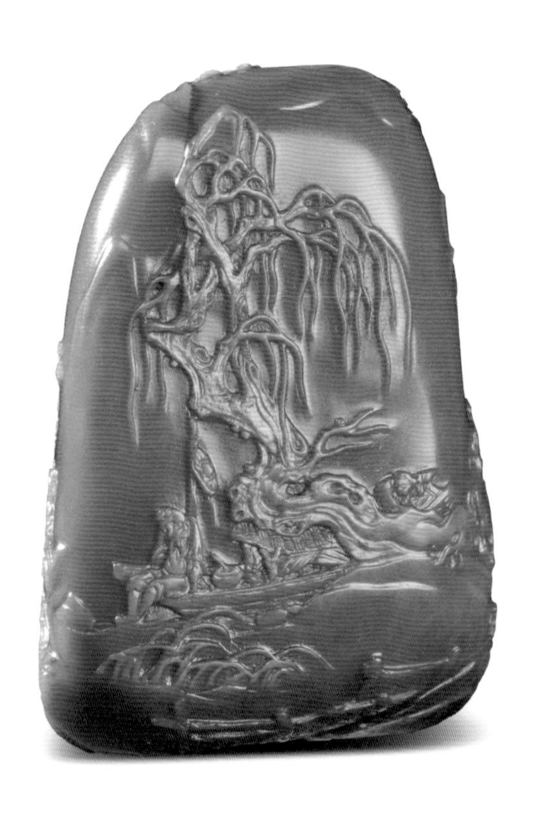

当代　叶子贤作　红田石
笑佛　圆雕摆件
44克

橘皮田黄冻原石
330克

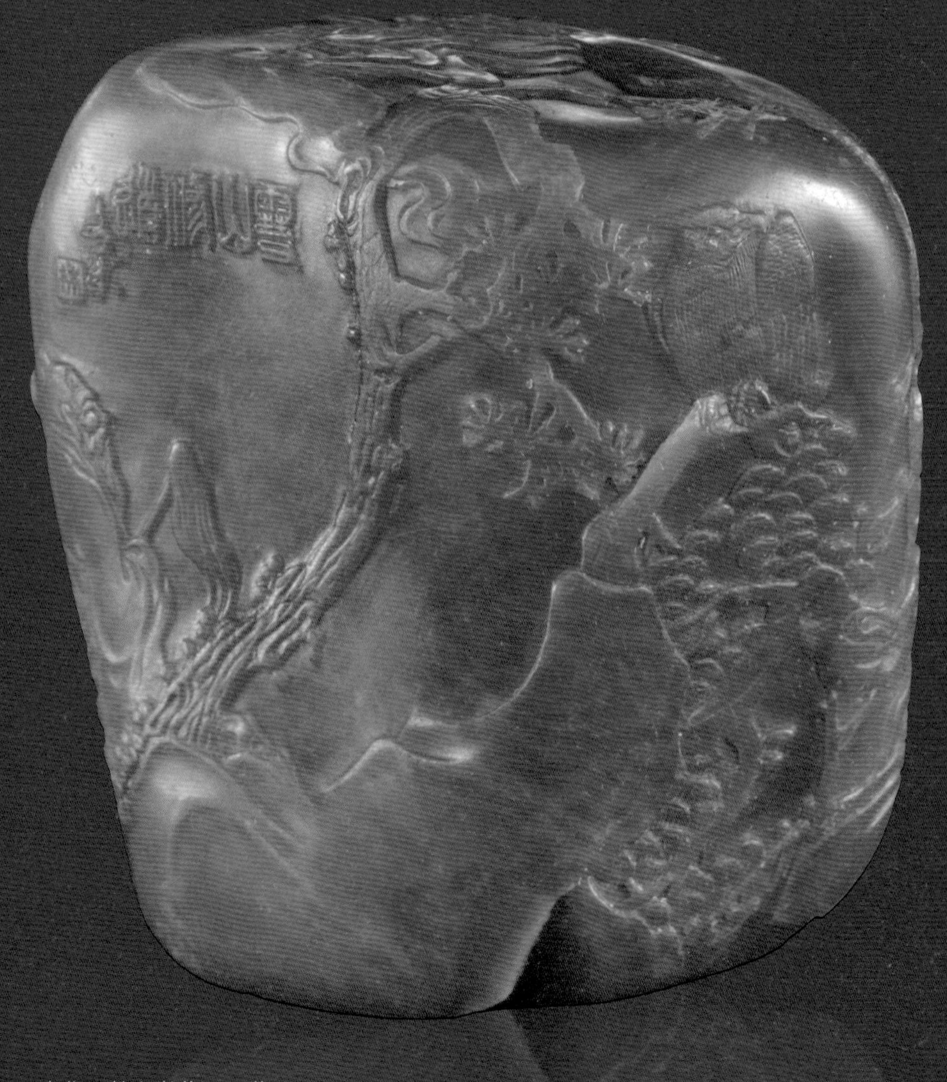

当代　林文举作　田黄石
雪山修道　薄意随形章
208克

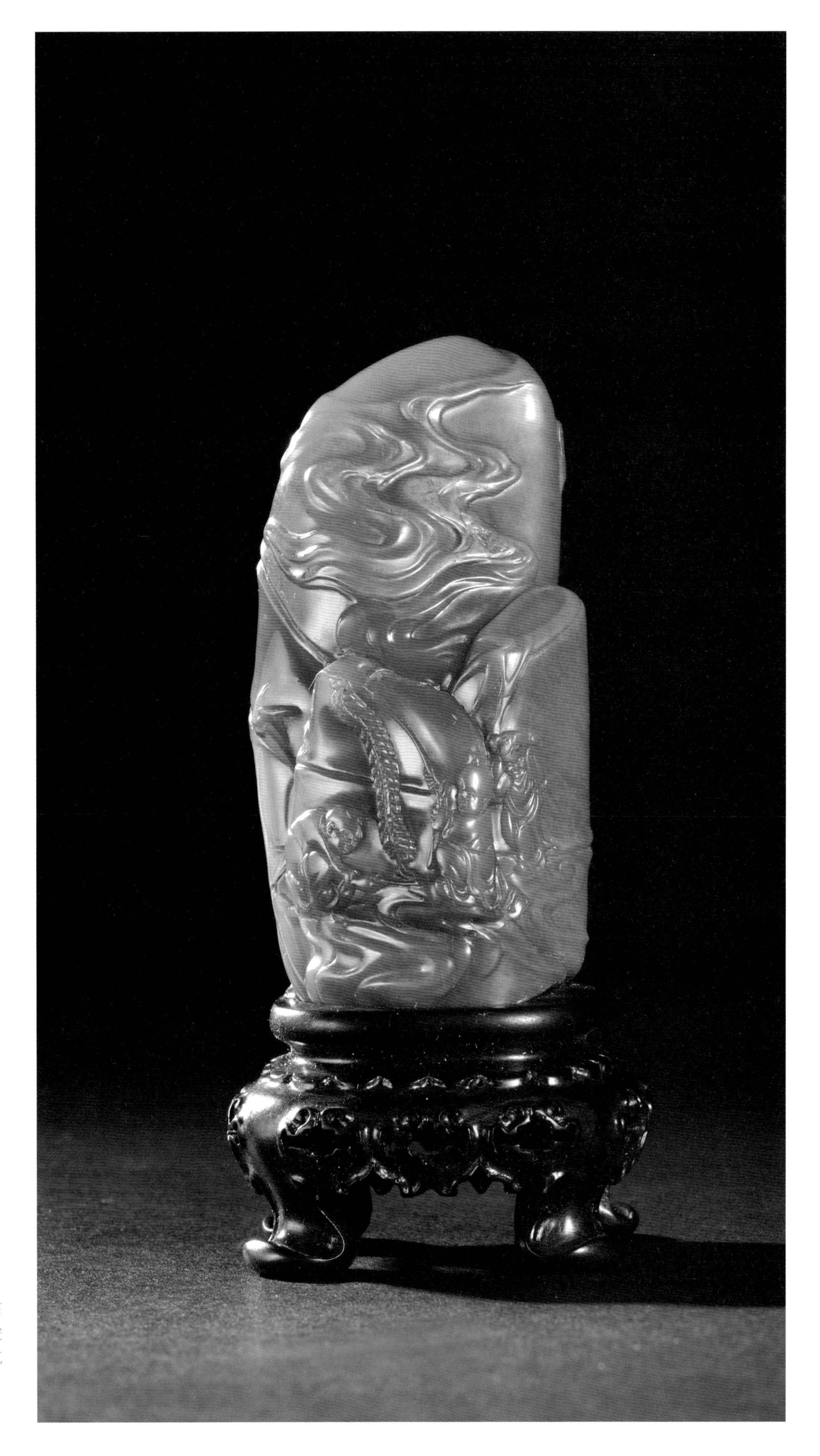

当代　郑幼林作　田黄石
竹报平安
116克

当代　林飞作　田黄石
多子弥勒　浮雕摆件
38克

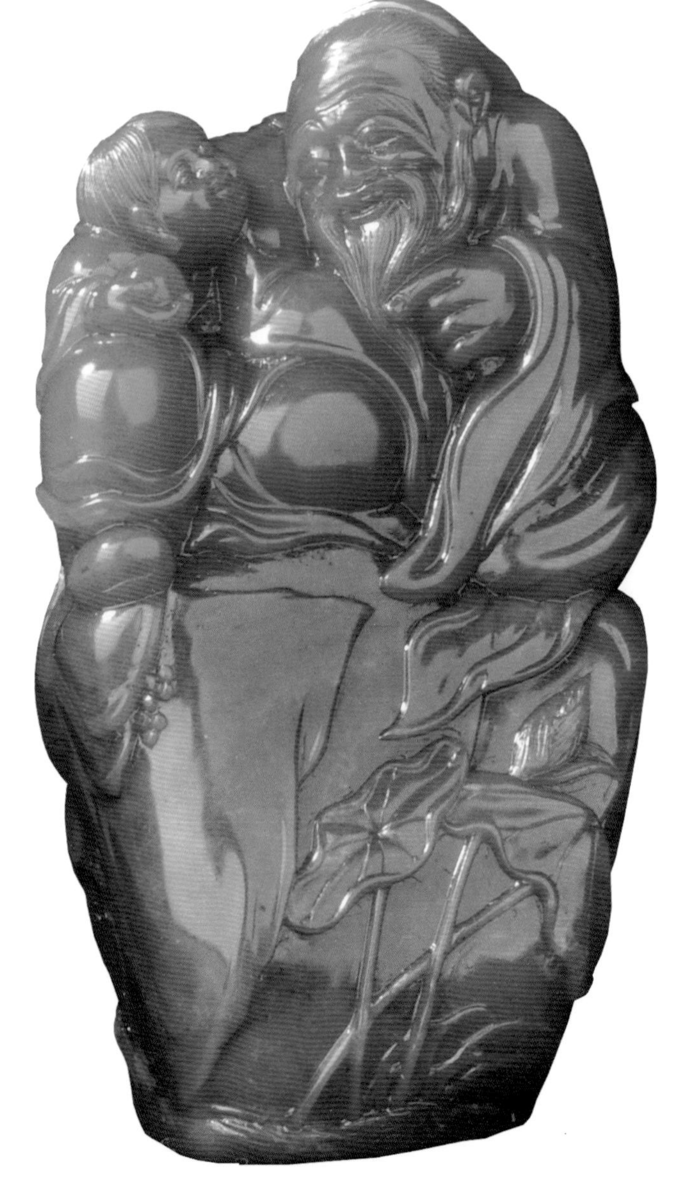

当代　郑幼林作　田黄石
爱莲图　157克

当代　冯志杰作　田黄冻石
狮子戏球　把件
49克

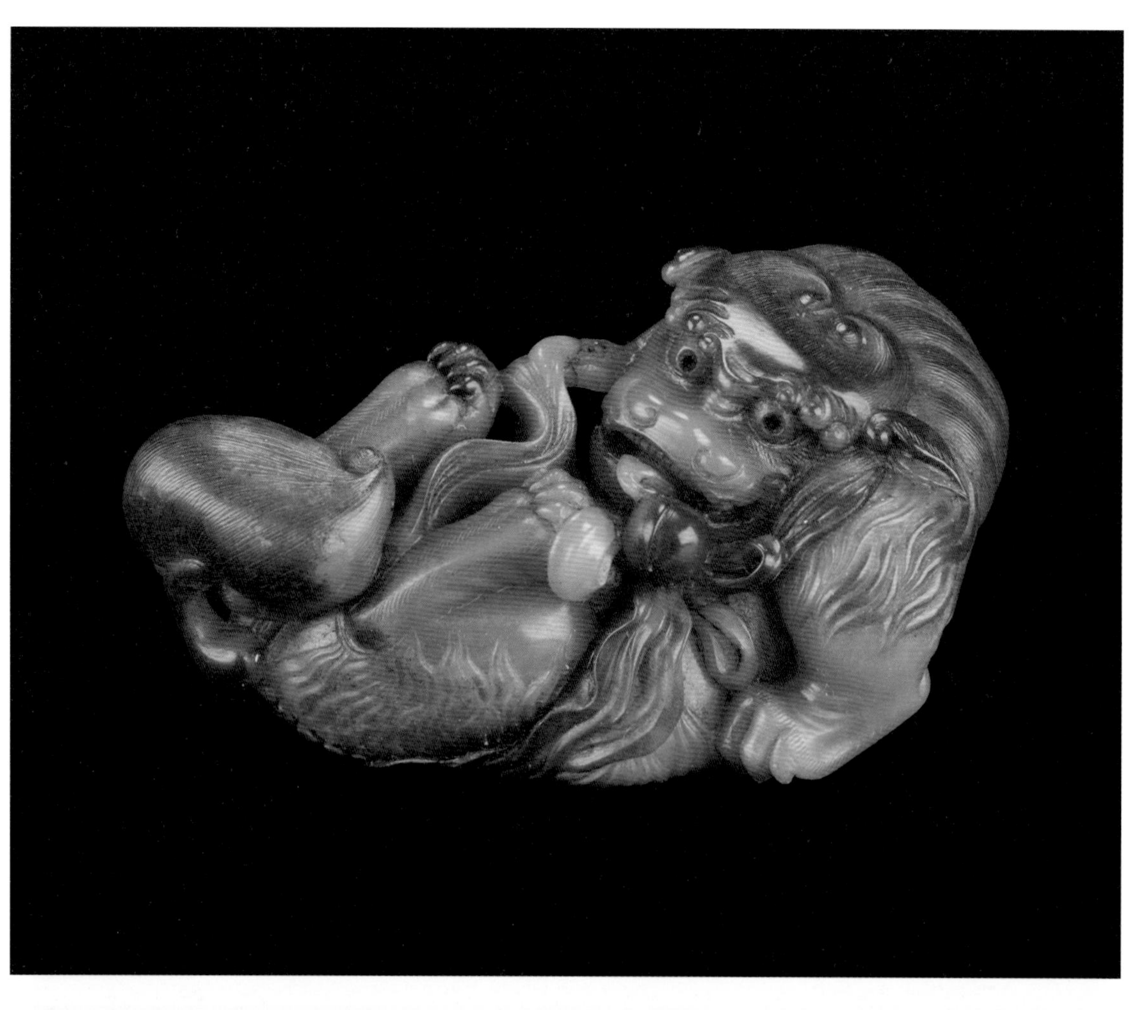

当代　冯志杰作　乌鸦皮田黄石
狮子戏球
39.3克

当代　陈为新作　红田
螭虎印章
19克

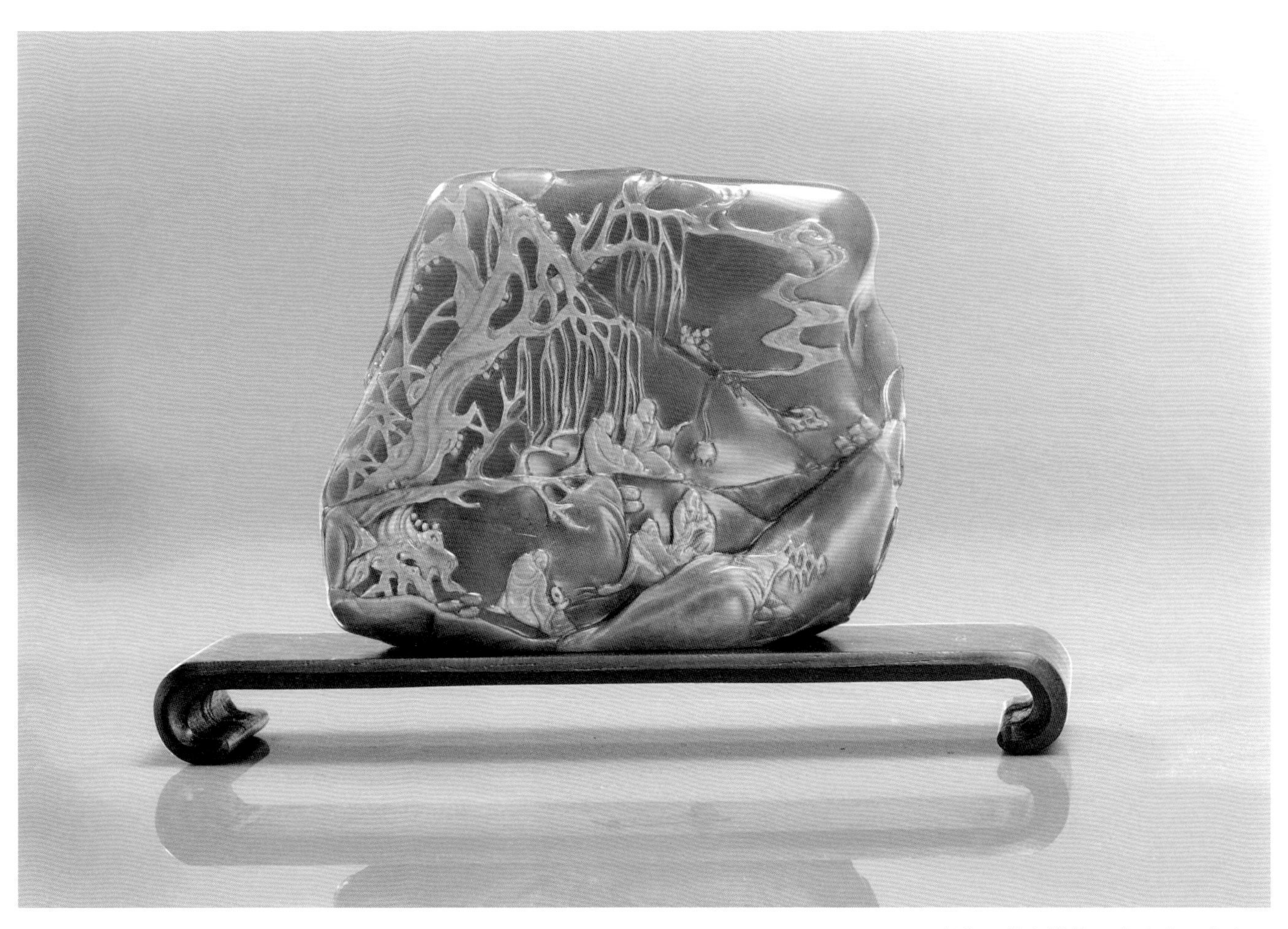

当代　林寿煁作　黄金黄田黄冻石
薄意随形章　190克

当代　江秀影作　田黄石
漓江渔歌　72克

当代　王孝前作　田黄石
渔翁得利　64克

当代　郭卓怀作　田黄石
香山九老　85克

当代　周鸿作　田黄冻石
汉钟离摆件　29克

当代　林大榕作　田黄石
天机不可泄露　31克

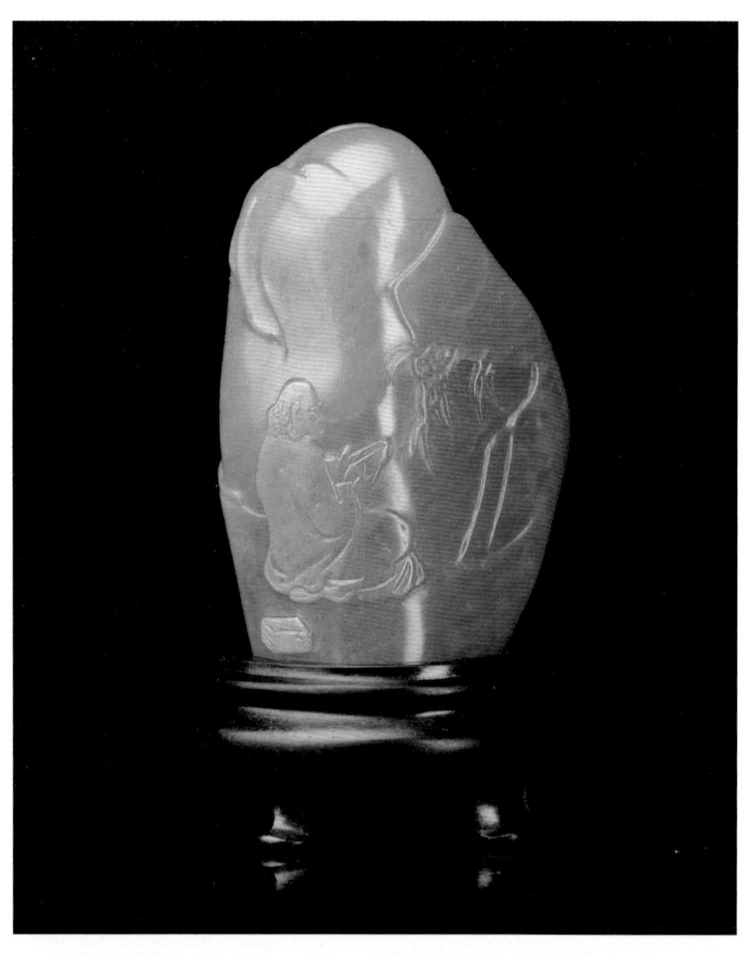

当代　郭俊杰作　田黄冻石
深山悟道　20克

当代　邱雁芳作　田黄冻石
灵芝摆件　31克